H. J. Blaß, M. Enders-Comberg

Fachwerkträger für den industriellen Holzbau

Titelbild: Schematische Darstellung eines Fachwerkknotens

Band 22 der Reihe
Karlsruher Berichte zum Ingenieurholzbau

Herausgeber
Karlsruher Institut für Technologie (KIT)
Lehrstuhl für Ingenieurholzbau und Baukonstruktionen
Univ.-Prof. Dr.-Ing. H. J. Blaß

Fachwerkträger für den industriellen Holzbau

Das diesem Bericht zugrunde liegende Vorhaben wurde mit Mitteln des Bundesministeriums für Wirtschaft und Technologie unter dem Förderkennzeichen KF2007005LK0 gefördert. Die Verantwortung für den Inhalt dieser Veröffentlichung liegt bei den Autoren.

H. J. Blaß
M. Enders-Comberg

Karlsruher Institut für Technologie (KIT)
Lehrstuhl für Ingenieurholzbau und Baukonstruktionen

Impressum

Karlsruher Institut für Technologie (KIT)
KIT Scientific Publishing
Straße am Forum 2
D-76131 Karlsruhe
www.ksp.kit.edu

KIT – Universität des Landes Baden-Württemberg und nationales
Forschungszentrum in der Helmholtz-Gemeinschaft

KIT Scientific Publishing 2012
Print on Demand

ISSN 1860-093X
ISBN 978-3-86644-854-4

Vorwort

Im Rahmen dieses Entwicklungsvorhabens sollten die Voraussetzungen zur Realisierung von Fachwerkträgern für den industriellen Holzbau geschaffen werden. Diese Konstruktionen sollen konkurrenzfähig zu herkömmlichen Bauweisen sein und sowohl effiziente als auch ästhetische Knotenverbindungen bieten. Ziel ist es, eine wirtschaftliche Bemessung mit Hilfe geeigneter Software zu ermöglichen und die Verbindungen schnell und ohne großen Aufwand auf der Baustelle herzustellen. Dieser Forschungsbericht stellt die Ergebnisse des Kooperationsprojektes zwischen mittelständischen Unternehmen, der Holzforschung München und der Abteilung Holzbau und Baukonstruktionen der Versuchsanstalt für Stahl, Holz und Steine des Karlsruher Instituts für Technologie (KIT) vor.

Die Planung der Untersuchungen, die Durchführung der Versuche und deren Auswertung sowie die Erstellung des Forschungsberichts erfolgten durch Herrn Dipl.-Ing. M. Enders-Comberg.

Für die Herstellung der Versuchskörper sowie der Versuchsvorrichtungen im Labor waren die Labormitarbeiter der Versuchsanstalt für Stahl, Holz und Steine verantwortlich. Bei der Versuchsdurchführung und der Auswertung der Versuchsergebnisse haben Dipl.-Ing. J. Streib und die wissenschaftlichen Hilfskräfte des Lehrstuhls für Ingenieurholzbau und Baukonstruktionen tatkräftig mitgewirkt.

Allen Beteiligten ist für die Mitarbeit zu danken.

Karlsruhe, Frühjahr 2012   Die Verfasser

Inhalt

X

1 Einleitung

Ein Fachwerk ist ein Tragsystem aus mehreren Stäben, die durch Gelenke an den Stabenden miteinander verbunden sind. Ein Fach besteht aus drei Stäben, welche im Wesentlichen durch Längskräfte beansprucht werden, vorausgesetzt die Einleitung der Lasten erfolgt in den Knotenpunkten. Schon im 19. Jahrhundert schreibt Culmann (1866) in seiner Arbeit, zit. nach Pasternak et al. (2010): „In jeder Beziehung erscheint ... das Fachwerk als die vollkommenste Construction; und in neuerer Zeit ist es gar fein ausgebildet worden und hat an Verbreitung außerordentlich gewonnen". Diese Feststellung von Culmann trifft auch heute noch zu und macht die Attraktivität von Fachwerkträgern im Hochbau deutlich. Sichtbare Fachwerkträger aus Holz sind im industriellen Holzbau vergleichsweise selten, obwohl der aufgelöste Fachwerkträger im Vergleich zum Vollwandträger einige Vorteile aufweist. Neben der aufgelösten Form und den damit verbundenen optischen Vorzügen, ist auch der Materialverbrauch bei Fachwerkträgern deutlich geringer als bei massiven Tragsystemen. Die Betrachtung von gängigen Fachwerkträgertypen zeigt, dass lediglich im nichtsichtbaren Bereich für Spannweiten zwischen 15 m und 30 m Nagelplattenbinder sehr erfolgreich sind, da eine schnelle und wirtschaftliche Bemessung durch Softwareunterstützung möglich ist. Zusätzlich ist die Verbindung mit Nagelplatten sehr effizient, da die Stabquerschnitte kaum geschwächt werden und nahezu der volle Stabquerschnitt zur Kraftübertragung zur Verfügung steht. Gerade bei großer Stückzahl erweist sich die Herstellung von Nagelplattenbindern als sehr wirtschaftlich. Allerdings sind diese Konstruktionen bei Brandbeanspruchung als äußerst kritisch anzusehen. Im Gegensatz dazu sind Stabdübelverbindungen in Fachwerkträgern sehr arbeitsintensiv und schwächen den Bruttoquerschnitt signifikant. Trotz einiger Vorteile von Verbindungen mit z.B. Nagelplatten oder Stabdübeln wird ein Optimierungsbedarf im Ingenieurholzbau deutlich. Die Wirtschaftlichkeit von Fachwerkträgern wird hauptsächlich von der Ausbildung der Stabanschlüsse bestimmt. Im Rahmen dieses Forschungsvorhabens wird ein Fachwerkträger für den industriellen Holzbau entwickelt, welcher zu anderen Fachwerkformen konkurrenzfähig ist und sowohl effiziente, als auch ästhetische Knotenverbindungen bietet, die darüber hinaus auch eine hohe Feuerwiderstandsdauer aufweisen. Ziel soll es auch sein, die Verbindungen schnell und ohne großen Aufwand auf der Baustelle herstellen zu können. Im Folgenden werden Versuchsergebnisse von in Brettsperrholz (BSPH) eingedrehten Gewindestangen, welche in axialer Richtung des Verbindungsmittels auf Zug beansprucht werden, vorgestellt. Des Weiteren wurden modifizierte Schwalbenschwanz- und Versatzverbindungen entwickelt und experimentell untersucht. Der Einfluss einer Querschnittsschwächung auf die Druck- und Zugfestigkeit parallel zur Faser in Brettschichtholz (z. B. eines Fachwerkgurtes, vgl. *Bild 1-1*) wird ebenfalls in dem vorliegenden Bericht betrachtet. Weiterführend wird näher auf die werkstoffspezifischen Eigenschaften von Hybrid-Brettschichtholz eingegangen. Eine Auswahl der bisher typischen Holzverbindungen in Fachwerken soll im folgenden Kapitel kurz dargestellt werden.

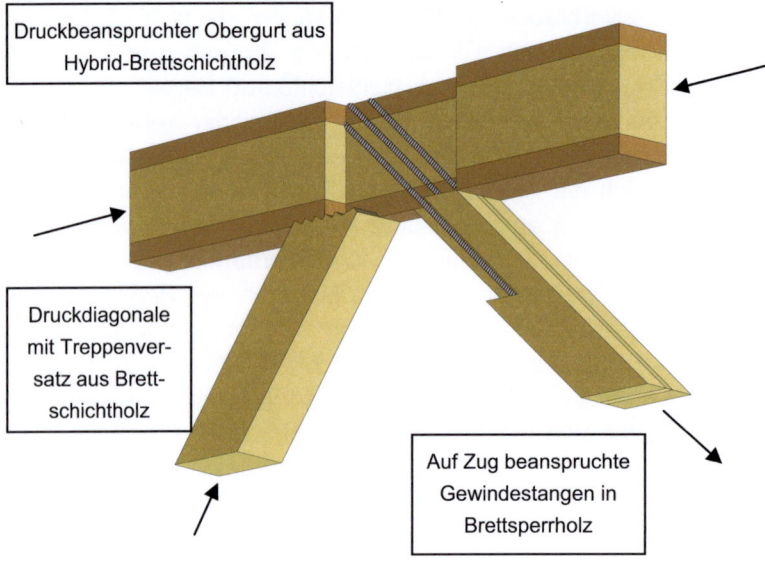

Bild 1-1   *Fachwerkknoten eines Obergurtes*

2 Bisherige Fachwerkträgerlösungen

2.1 Nagelplattenverbindung

Nagelplattenkonstruktionen kommen häufig in Industriebauten zum Einsatz, da ein hoher Vorfertigungsgrad eine schnelle Montage ermöglicht. Diese Methode ist zwar im Vergleich zur Brettschichtholzbauweise verhältnismäßig günstig und schnell realisierbar, die Traglasten und Spannweiten sind aber begrenzt, die streuenden Eigenschaften des Holzes kommen unmittelbar zum Tragen und der ästhetische Eindruck ist durch die sichtbaren Nagelplatten recht bescheiden. Besonders problematisch sind diese Konstruktionen aber im Brandfall, da durch den Abbrand der schlanken Holzbauteile und die Tragfähigkeitsminderung der Metallverbindungen ein plötzlicher Einsturz des Daches droht. Ein Fachwerkknoten mit beidseitig eingepressten Nagelplatten ist in *Bild 2-1* dargestellt.

Bild 2-1   *Fachwerkknoten mit Nagelplattenanschluss*
              (Quelle: www.flickr.com)

2.2   Stabdübelverbindung

Für die Übertragung großer Kräfte in den Knotenpunkten haben sich mehrschnittige Stahlblech-Holz-Verbindungen besonders bewährt. Die Stahlbleche werden in geschlitzte Hölzer mit durchlaufenden Stabdübeln befestigt. Die innenliegenden Stahlbleche sind ästhetisch ansprechend und andererseits bieten sie große Vorteile in Bezug auf den Brandschutz. Fast jeder Holzbaubetrieb stellt Stabdübelverbindungen her, lediglich die präzise Herstellung der Bohrungen erweist sich beim Zusammenbringen von Holz und Stahl als schwierig.

2.2.1 Stabdübelverbindung ohne Vorbohren

Selbstbohrende Stabdübel vom Typ WS der Firma SFS intec AG bieten ein sehr passgenaues und schnelles Ergebnis durch gleichzeitiges Durchbohren von Holz und Stahl. Die Verbindung lässt sich sowohl auf der Baustelle als auch im Werk problemlos herstellen. Bautoleranzen und Maßabweichungen lassen sich durch eine auch äußerlich saubere Verbindung ausgleichen. Die selbstbohrenden Stabdübel (s. *Bild 2-2*) mit den Durchmessern 5 mm oder 7 mm mit Bohrspitze werden in einem Arbeitsgang durch das Holz und die Stahllaschen gebohrt. Die Stabdübel können durch einen Tiefenanschlag gleichmäßig tieferliegend versetzt werden, was sich positiv auf den Brandschutz auswirkt.

Bild 2-2   *Selbstbohrender Stabdübel*
                (Quelle: www.Informationsdienst-holz.de)

2.2.2 Stabdübelverbindung mit Vorbohren

Holz und Stahl werden jeweils für sich vorgebohrt. Während das Stahlbauteil mit dem Nenndurchmesser plus 1 mm vorgebohrt wird, wird die

Bohrung im Holz passend vorgenommen, um eine Klemmwirkung zwischen Stahlstift und Holz zu gewährleisten. Der Nachteil der Verbindungsart liegt im großen Aufwand und der hohen erforderlichen Genauigkeit der Bohrungen. Die BSB-Verbindung (Blumer-System-Binder) ist eine typische mehrschnittige Stahl-Holz-Verbindung. Eine streng typisierte Anordnung (nach bauaufsichtlicher Zulassung) der Stahllaschen und der Stabdübel (Durchmesser Ø 6,3 mm) bietet einen rationellen Entwurfs- und Produktionsprozess der Verbindung. Die einzelnen Bauteile und Verbindungsmittel eines BSB-Fachwerkknotens sind in *Bild 2-3* dargestellt.

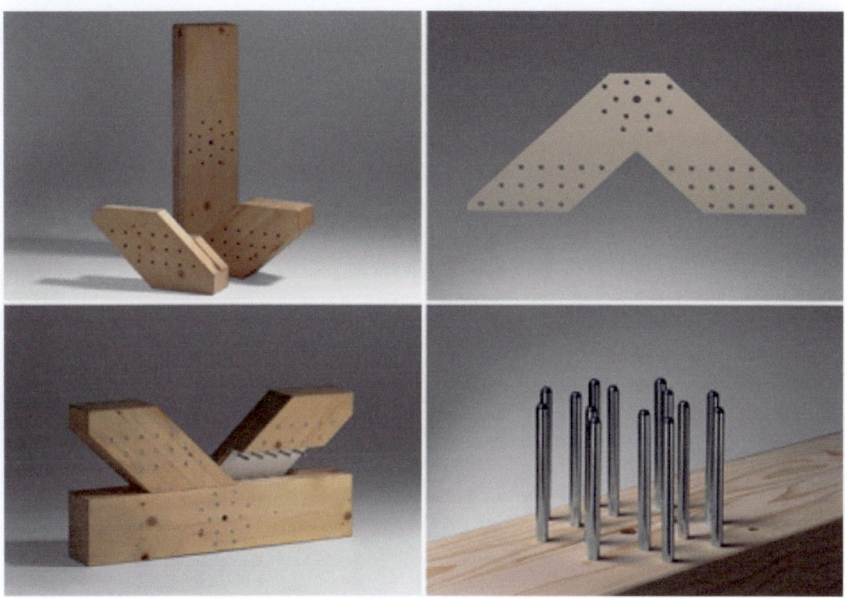

Bild 2-3   *Stahlblech-Holz-Verbindung mit BSB- Verbindung*
               (Quelle: www.blumer-bsb.ch)

Das Versagen einer Stabdübelverbindung tritt nicht spröde ein. Durch hohe Duktilität der Verbindung in statischen Systemen werden Belastungsumlagerungen von „weichwerdenden" Bauteilen zu steiferen Teilen ermöglicht. Da Holz bei Zugbelastung ein sprödes Versagen aufweist, wird die Verbindung so bemessen, dass der Stahl maßgebend wird und die Verformungen im Verbindungsbereich auftreten.

2.3 BVD-Ankerdübel-Verbindung

BVD-Ankerdübel bestehen aus einem Ankerkörper, der in eine Hirnholzbohrung von stabförmigen Brettschichtholz- oder Vollholzbauteilen eingebracht wird und durch rechtwinklig zur Ankerachse eingebrachte Stabdübel (Ø 16 mm) mit dem Holz verbunden wird. Anschließend werden die Hohlräume mit Vergussmörtel ausgefüllt.

Die Verbindung dient der Kraftübertragung in Richtung der Längsachse der Ankerkörper (Längskräfte). Diese optisch ansprechende Verbindung ist in der Herstellung sehr aufwändig und entspricht im Tragverhalten einer Verbindung mit innen liegendem Stahlblech. In *Bild 2-4* ist die Verbindung schematisch dargestellt.

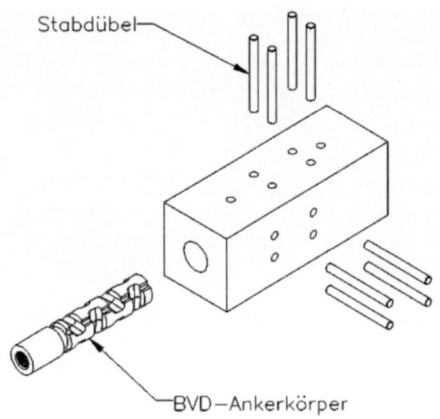

Bild 2-4   *Skizze der BVD-Ankerdübel-Verbindung*
             (Quelle: www.bertsche-office.de)

2.4 Greimbauweise

Nagelverbindungen nach dem System „Greimbau" sind spezielle Knotenverbindungen für Holztragwerke aus Vollholz oder BSH mit innenliegenden 1,0 mm bis 1,75 mm dicken Stahlblechen, die je nach Ausführungsart einseitig oder beidseitig ohne Vorbohren durchnagelt werden. Die zu verbindenden Hölzer sind mit höchstens 2 mm breiten Schlitzen zu versehen, die symmetrisch zur Querschnittsachse anzuordnen sind. Mit Hilfe dieser Verbindungstechnik können Bauteile bis zu einer Dicke von ca. 260 mm miteinander verbunden werden. Die Greimbauweise bietet den Vorteil, dass geringe Fehlflächen entstehen und kein Vorbohren notwendig ist. Außerdem sind bis zu 8-schnittige Verbindungen möglich, die der Beanspruchung gut anzupassen sind. Durch die Verkrallung (vgl. *Bild 2-5*) der durchnagelten Blech-Holzverbindung hält der Fachwerkknoten auch dynamischen Belastungen gut stand und erfährt durch die passgenaue Herstellung nur geringen Schlupf. Allerdings ist der Feuerwiderstand dieser Nagel-Stahlblech-Verbindung als gering einzustufen. In *Bild 2-5* ist die Systemskizze der Verbindung aus der allgemeinen bauaufsichtlichen Zulassung (abZ-9.1-166) der Greimbauweise dargestellt.

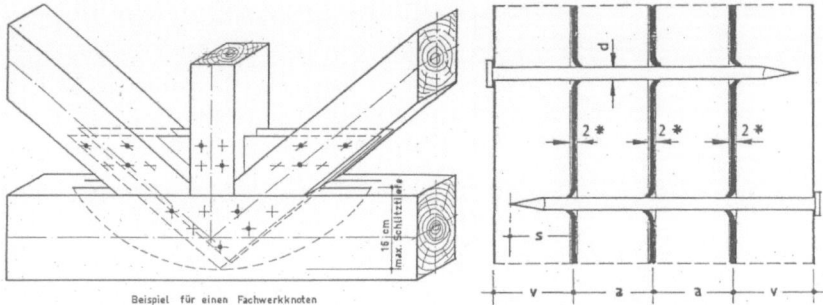

Bild 2-5   *Mehrschnittige Verbindung - Greimbauweise (Quelle: abZ-9.1-166)*

Die große Anzahl von Verbindungsmöglichkeiten in Fachwerkträgern zeigt die Bedeutung und den Bedarf an wirtschaftlichen, ästhetischen und brandwiderstandsfähigen Verbindungen. Neben den erläuterten Fachwerklösungen gibt es zahlreiche weitere Möglichkeiten, Holzbauteile miteinander zu verbinden (z.B. Multi-Krallen-Dübel, Brüssler Knoten, eingeklebte Gewindestangen, Dübel besonderer Bauart, Induo-Anker, Verbindungen mit Vollgewindeschrauben).

3 Axial beanspruchte Gewindestangen in Brettsperrholz

3.1 Allgemeines

Da sowohl die Zug-, als auch die Druckstäbe fast ausschließlich durch Normalkräfte beansprucht werden, wird angestrebt, einen Holzwerkstoff zu verwenden, der eine hohe Zug- bzw. Drucktragfähigkeit in Achsrichtung der Stäbe besitzt. Im Verbindungsbereich der Füllstäbe mit den Gurten soll darauf geachtet werden, dass die Schwächung des Holzquerschnittes möglichst gering gehalten und eine steife Verbindung zwischen den Bauteilen realisiert wird. Frühere Untersuchungen (Blaß et al., 2006) haben gezeigt, dass in Achsrichtung beanspruchte Holzschrauben und Gewindestangen hohe Kräfte übertragen können und damit sehr steife Verbindungen entstehen. Da das Langzeitverhalten von faserparallel eingedrehten Verbindungsmitteln nicht ausreichend bekannt ist, sind in Hirnholz eingebrachte Verbindungsmittel nur in Ausnahmefällen zugelassen. Um eine Verbindung mit Gewindestangen parallel zur Stabachse zu realisieren, wird Brettsperrholz in den Zugdiagonalen verwendet, die Verbindungsmittel werden orthogonal zur Faser in die Querlagen eingebracht. Aus einem Forschungsvorhaben über die Tragfähigkeit von stiftförmigen Verbindungsmitteln in Brettsperrholz (Blaß und Uibel, 2007) ist bekannt, dass planmäßig in die Querlage eingedrehte Schrauben eine Ausziehtragfähigkeit aufweisen, die der Tragfähigkeit von rechtwinklig zur Faserrichtung eingebrachten Schrauben in Vollholz bzw. Brettschichtholz entspricht.

Die Zugkräfte müssen dabei über die Verbindungsmittel in die Querlage eingeleitet werden und von dort über Rollschubbeanspruchungen in die Längslage der Füllstäbe übertragen werden. Daher ist ein Versagen dieser Verbindung entweder durch Stahlversagen, Rollschubversagen der Querlage oder Scherversagen des Holzes in der Mantelfläche des Schraubengewindes gekennzeichnet.

3.2   Versuchsprogramm

Zur Bestimmung der Tragfähigkeiten von axial belasteten Verbindungsmitteln des Durchmessers 16 mm und 20 mm wurden Versuche mit Gewindestangen des Typs SFS WB (s. *Bild 3-1*) der Firma SFS intec AG durchgeführt. Die Gewindestangen mit Gewinde nach DIN 7998 wurden in die vorgebohrte Querlage von Brettsperrholz eingedreht und anschließend bis zum Versagen axial belastet. Durch Variation von Durchmesser, Einschraublänge, Randabstand und Verbindungsmittelabstand untereinander sollten die Versagensformen der Verbindung untersucht werden. Die Eigenschaften der Gewindestangen wurden in früheren Versuchen bestimmt (s. *Tabelle 3-1*). Auf Grundlage dieser Untersuchungen wurden die Versuchskörper mit einem bzw. drei Verbindungsmitteln pro Anschluss geplant und hergestellt.

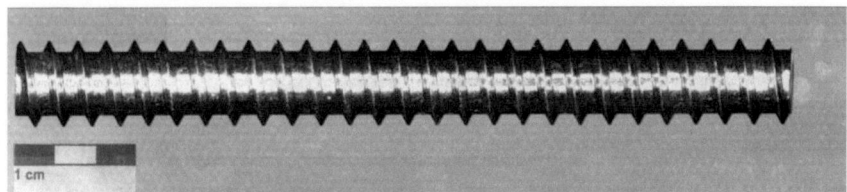

Bild 3-1   *SFS Gewindestange*

Tabelle 3-1   *Allgemeine Informationen SFS Gewindestange*

	Ø 16 mm	Ø 20 mm
$d_{außen}$	~ 16 mm	~ 20 mm
d_{innen}	~ 12 mm	~ 15 mm
Mittelwert der Stahlzugtragfähigkeit	100,0 kN	174,7 kN
$F_{ax,mean}$ in BSH; Einschraubwinkel 90° ; Einschraublänge 400 mm	94,1 kN	114,9 kN

Im ersten Schritt der Untersuchung wurden symmetrisch aufgebaute Prüfkörper hergestellt, die an beiden Enden mit jeweils einem Verbindungsmittel zur Aufnahme der Zugkräfte versehen wurden. Durch Wahl einer großen Einschraubtiefe soll die Zugtragfähigkeit der Gewindestange maßgebend werden und somit ein duktiler Versagensmechanismus durch Erreichen der Fließgrenze des Stahls erzielt werden. Eine Variation der Randabstände soll den Holzquerschnitt optimal ausnutzen und die Grenzen der Verbindung deutlich machen. In weiteren Versuchen wurden pro Anschluss drei Gewindestangen parallel in die Querlage eingebracht (s. *Bild 3-2*) und die Abstände untereinander variiert. Durch diese Anordnung sollte ein möglicher Gruppeneffekt untersucht werden. Das vollständige Versuchsprogramm ist der *Tabelle 3-2* zu entnehmen.

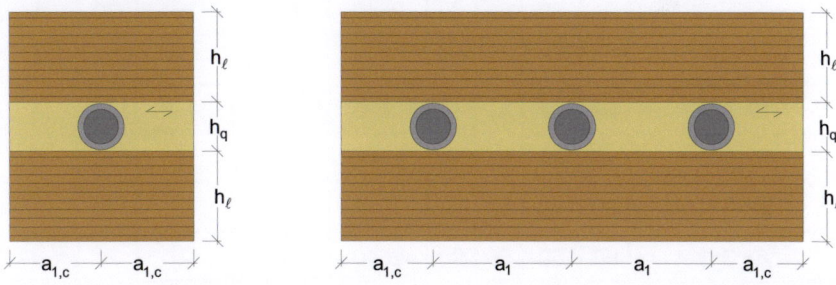

Bild 3-2   Prüfkörperquerschnitt

3.3   Versuchsaufbau und Versuchsdurchführung

Die Ausziehwiderstände wurden mit unter 90° zur Holzfaserrichtung der Querlage eingeschraubten Gewindestangen ermittelt. Die Einschraublängen der Gewindestangen im vorgebohrten Holz variierten von 400 mm bis 800 mm. Die Vorbohrdurchmesser betrugen 13 mm für Gewindestangen mit Nenndurchmesser 16 mm sowie 16 mm für Gewindestangen mit einem Nenndurchmesser von 20 mm. Pro Versuchskonfiguration wurden 5 Ausziehversuche durchgeführt.

Tabelle 3-2   Versuchsprogramm (Längenangaben in mm); 5 Versuche je Reihe

Reihe	a_1	$a_{1,c}$	h_l	h_q	L	L_{ad}	$\varnothing_{Bohr}$	d	VM
16_1	-	48	31	17	2100	500	13	16	1
16_2	-	40	31	17	2100	500	13	16	1
16_4	-	32	31	17	2100	500	13	16	1
	-	60	31	17	2510	600	16	20	1
20_1	-	60	31	17	2510	600v	16	20	1
	-	60	31	17	2510	700	16	20	1
20_2	-	50	55	20	2510	600	16	20	1
	-	50	55	20	2510	700	16	20	1
20_4	-	40	55	20	2510	800	16	20	1
16_3_1	64	32	31	17	2510	500	13	16	3
16_3_2	48	32	31	17	2510	500	13	16	3
20_3_1	80	50	55	20	2510	400	16	20	3
20_3_2	60	50	55	20	2510	400	16	20	3

L: Länge des Zugstabes $\varnothing_{Bohr}$:   Bohrlochdurchmesser
L_{ad}:   Einschraublänge   d: Durchmesser Verbindungsmittel

Die Holzwerkstoffe wurden von der Firma Finnforest Merk GmbH hergestellt und der Versuchsanstalt zur Verfügung gestellt. Die Längslagen
der Versuchskörper bestehen aus Furnierschichtholz (KERTO S) und die
Querlagen aus Nadelvollholz (Sortierklasse S10). Durch eine hohe Zugfestigkeit der Längslagen konnte die gesamte Prüfkörperdicke relativ
gering gehalten werden. Die Verklebung der Decklagen mit der Querlage
wurde durch die Firma Finnforest Merk GmbH im Vakuumverfahren
realisiert. Die Querschnittsabmessungen der Prüfkörper sind der Tabelle
3-2 zu entnehmen.

Die Ausziehversuche wurden in Anlehnung an DIN EN 1382 mit Hilfe einer Universalprüfmaschine (s. *Bild 3-4*) durchgeführt und dazu die Prüfkörper an den Enden eingespannt und in axialer Richtung mit einer konstanten Vorschubgeschwindigkeit belastet. Die Prüfkörper mit einer Gewindestange des Durchmessers d = 16 mm wurden mit einer gleich-förmigen Belastungsgeschwindigkeit von 70 kN/min und die Prüfkörper mit einer Gewindestange des Durchmessers d = 20 mm mit 100 kN/min belastet. Somit wurde die Maximallast nach 90 ± 30 Sekunden erreicht. Die Verformungen zwischen Gewindestange und Holzstab wurden mit zwei induktiven Wegaufnehmern pro Verbindung gemessen (s. *Bild 3-7*).

Bild 3-3   *Querzugbewehrung*

Um ein frühzeitiges Aufspalten der Versuchskörperenden zu unterbin-den, wurden je Verbindung vier Vollgewindeschrauben Ø 6 mm zur Querzugverstärkung eingebracht (s. *Bild 3-3*). Alle weiteren Angaben bezüglich der Querzugverstärkung sind in *Tabelle 11-1* angegeben. In Versuchsreihe 20_1_600v wurde der Holzstab über die gesamte Ein-schraublänge der Gewindestange (ℓ_{ad} = 600 mm) mit Vollgewinde-schrauben verstärkt. Aufbauend auf den Erkenntnissen aus den Versu-chen mit einer Gewindestange pro Anschluss wurden die Prüfkörper mit

drei nebeneinander eingedrehten Verbindungsmitteln verstärkt und geprüft.

Bild 3-4   Prüfmaschine und Versagen der Querlage

3.4   Versuchsergebnisse

In den meisten Fällen trat ein Rollschubversagen auf und die Querlage
wurde über die gesamte Einschraubtiefe blockartig aus dem Prüfkörper
herausgezogen (s. *Bild 3-4* rechts). Des Weiteren war ein Stahlversagen
aller einzeln geprüften Gewindestangen mit dem Durchmesser Ø 16 mm
zu beobachten. Ein Herausziehen der Gewindestange ohne Rollschubversagen wurde nicht beobachtet. Eine detaillierte Gliederung der einzelnen Versuche, Versagensart und Steifigkeitswerte K_{ser} (K_{oben} und

K_{unten}) sind in *Tabelle 11-2* und *Tabelle 11-3* angegeben. In *Bild 3-5* und *Bild 3-6* sind die Ausziehwiderstände der einzelnen Gewindestangen dargestellt. Zusätzlich zu den Versuchsergebnissen sind die Mittelwerte und die charakteristischen Ausziehtragfähigkeiten nach DIN 1052 angegeben. Lediglich in Reihe 20_2_600 ist der Mittelwert von 136 kN relativ gering, verglichen mit den restlichen Versuchsreihen. Die auffällig geringen Werte der Ausziehtragfähigkeit wurden durch eine fehlerhafte Verklebung zwischen Längs- und Querlagen verursacht (s. *Bild 11-1*). Das Brettsperrholz muss fehlerfrei hergestellt sein, um das gewünschte duktile Versagen der Gewindestange zu erzielen.

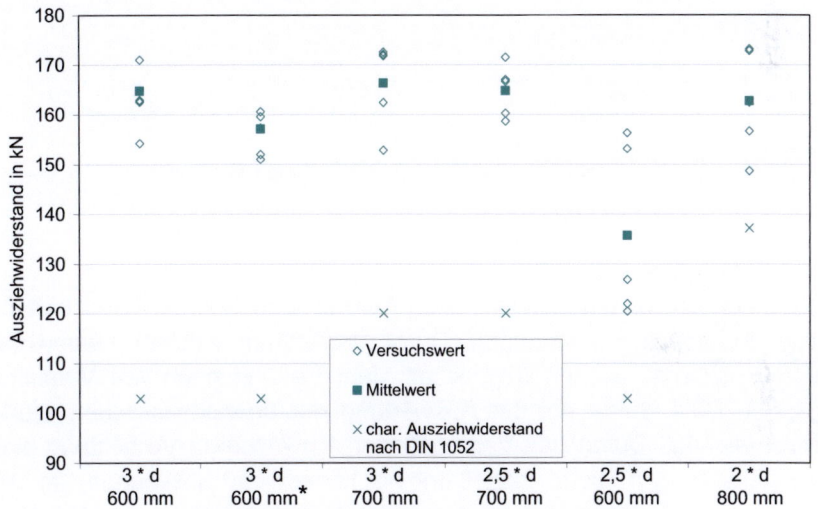

Bild 3-5   *Ausziehwiderstand einer Gewindestange Ø 20 mm*
(Horizontale Achse: Randabstand $a_{1,c}$ und Verankerungslänge L_{ad};
* Reihe 20_1_600v)

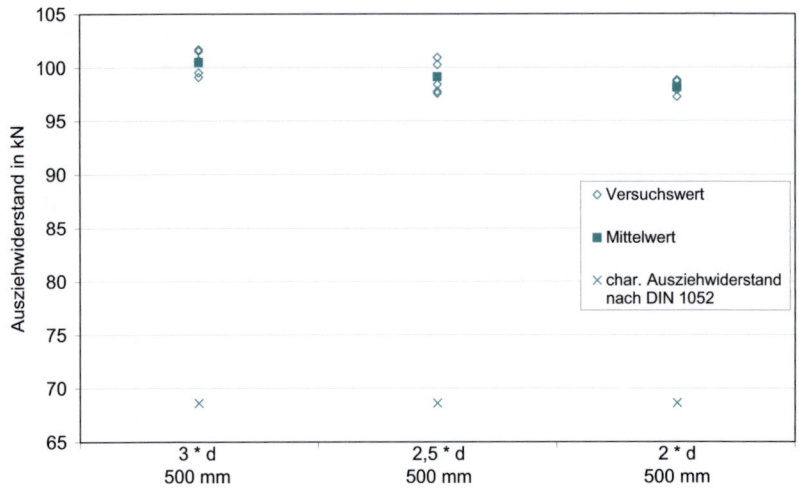

Bild 3-6   *Ausziehwiderstand einer Gewindestange Ø 16 mm*
                       (Horizontale Achse: Randabstand $a_{1,c}$ und Verankerungslänge L_{ad})

Die mittleren und charakteristischen Ausziehparameter je Versuchsreihe sind in *Tabelle 3-3* enthalten. Durch den symmetrischen Aufbau der Versuchskörper wurden doppelt so viele Verbindungen wie Versuche geprüft. Dies wurde bei der Auswertung der charakteristischen Werte berücksichtigt. Durch das Versagen der schwächeren Verbindung sind die gemessenen Werte insgesamt als konservativ anzusehen, da der tragfähigere Anschluss eines Versuchskörpers nicht bis zum Versagen geprüft werden konnte. Das Erreichen der Rollschubfestigkeit hatte einen plötzlichen Lastabfall zur Folge. Im Gegensatz dazu ist ein Stahlversagen erst bei großen Verformungen und durch Fließen des Stahls ohne Holzversagen gekennzeichnet. Die Versuche mit drei Gewindestangen je Anschluss haben gezeigt, dass selbst bei geringen Verbindungsmittelabständen von $a_1 = 3 \cdot d$ bzw. Randabständen von $a_{1,c} = 2{,}5 \cdot d$ hohe Kräfte aufgenommen werden können und der charakteristische Ausziehparameter gegenüber einer einzelnen Gewindestange lediglich um 10% geringer ausfällt.

Tabelle 3-3   Ergebnisse

Reihe	d in mm	ℓ_{ef} in mm	a_1 in mm	$a_{1,c}$ in mm	$f_{1,k}$ in N/mm²	$f_{1,mean}$ in N/mm²
16_1	16	500	-	48	11,3	12,6
16_2			-	40	11,1	12,4
16_4			-	32	11,0	12,3
20_1_600	20	600	-	60	12,4	13,7
20_1_600v		600	-		11,8	13,1
20_1_700		700	-		10,7	11,9
20_2_600		600	-	50	8,7	11,3
20_2_700		700	-		10,6	11,8
20_4		800	-	80	8,9	10,2
16_3_1	16	500	64	32	10,3	11,5
16_3_2			48		9,8	10,9
20_3_1	20	400	80	50	9,9	11,4
20_3_2			60		9,5	10,6

Die streuenden Steifigkeitswerte sind der Versuchsvorrichtung geschuldet, da die Wegaufnehmer (s. *Bild 3-7*) auch elastische Verformungen der Verankerung (Stahldehnungen) messen. Gewindestangen mit einem Durchmesser von 16 mm und einer Einschraubtiefe von 500 mm besitzen einen gemittelten Steifigkeitsmodul von 64 kN/mm. Die dickeren Gewindestangen Ø 20 mm weisen einen deutlich höheren Verschiebungsmodul auf (zwischen 90 kN/mm und 106 kN/mm), wobei eine längere Einschraubtiefe zur Verfügung steht. In diesen Werten sind die oben genannten Verformungen der Verankerung enthalten.

Unter der Annahme einer gleichmäßig verteilten Rollschubbeanspruchung ergeben sich die in *Tabelle 3-4* angegebenen Werte. Auf die Ermittlung der Rohdichtewerte wurde im Rahmen dieses Versuchsprogramms verzichtet, da die Rollschubfestigkeit kaum von der Rohdichte, sondern von der Verklebung und der Jahrringlage maßgebend beeinflusst wird.

Tabelle 3-4   Mittelwerte der Versuchsergebnisse Maximallast, Rollschubfestigkeit und Steifigkeitsmodul

Reihe	$F_{max,mean}$ in kN	$f_{R,mean}$ in N/mm²	$K_{ax,mean}$ in kN/mm
16_1	100,5	1,05*	63,4
16_2	99,1	1,24*	61,7
16_4	98,2	1,53*	66,1
20_1_600	164,8	1,14	101,1
20_1_600v	157,1	1,09	102,0
20_1_700	166,3	0,99	106,3
20_2_600	135,7	1,13	90,3
20_2_700	164,8	1,18	94,1
20_4	162,8	1,27	92,1
16_3_1	275,1	1,43	196,3
16_3_2	260,8	1,63	165,6
20_3_1	274,7	1,32	222,3
20_3_2	253,6	1,44	227,4

*Stahlversagen: Rollschubfestigkeit höher als die angegebenen Werte

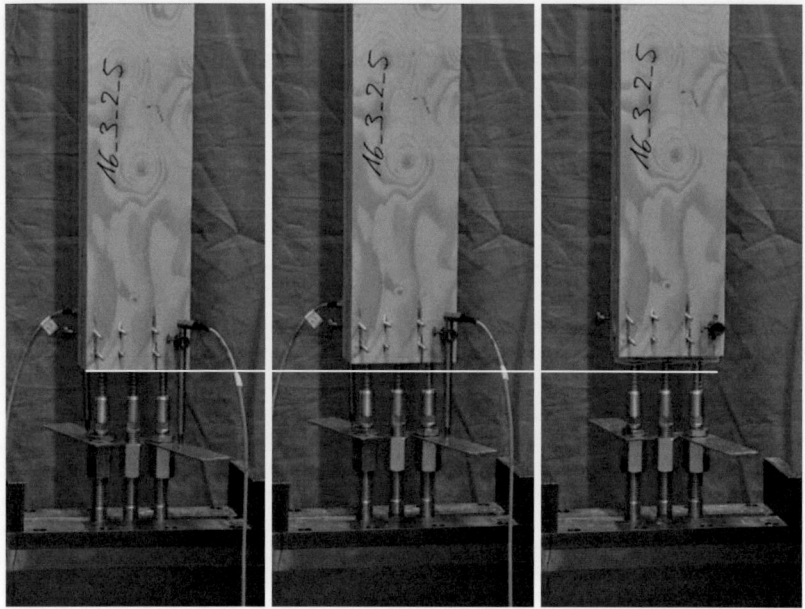

Bild 3-7   Prüfvorgang einer Verbindung mit drei Gewindestangen

Zusammenfassend lassen sich folgende Ergebnisse und Empfehlungen festhalten:

- Durch hohe Tragfähigkeiten und Steifigkeiten sind axial beanspruchte Gewindestangen prädestiniert für den Einsatz in Fachwerkträgern

- Ein sprödes Versagen sollte vermieden werden. Die Verbindung sollte so dimensioniert werden, dass ein Stahlversagen maßgebend wird.

- Die Querlage sollte mindestens so dick sein wie der Gewindeaußendurchmesser des Verbindungsmittels, damit mögliche Zwängungen aus Quell- und Schwindverformungen von der Querlage aufgenommen werden können.

- Eine Querzugverstärkung am Ende des Zugstabes ist notwendig, um ein frühzeitiges Aufspalten zu unterbinden.

- Niedrige Tragfähigkeiten waren auf eine mangelnde Verklebung zurückzuführen. Die Qualität der Klebefuge ist für die Tragfähigkeit der Verbindung maßgebend.

4 Querschnittsschwächung von Brettschichtholz

4.1 Allgemeines

Durch den Anschluss der Füllstäbe an den Ober- und Untergurt eines Fachwerkträgers wird in der Regel der Querschnitt des Zug- bzw. Druckgurtes geschwächt. Um diese Querschnittsschwächung genauer beurteilen zu können, wurden sowohl Zug- als auch Druckversuche durchgeführt. Im Rahmen dieser Forschungsarbeit wurden folgende Querschnittstypen mit Brettschichtholz der Festigkeitsklasse GL24h genauer untersucht:

- Typ 1: Ungeschwächt

- Typ 2: 16 mm Bohrung (45°) für Gewindestange Ø 20 mm

- Typ 3: 7 mm Schlitz und 10 mm Bohrungen für Stahlblech und 12 Stabdübel

Die Ansicht des jeweiligen Aufbaues ist in *Bild 4-1* dargestellt.

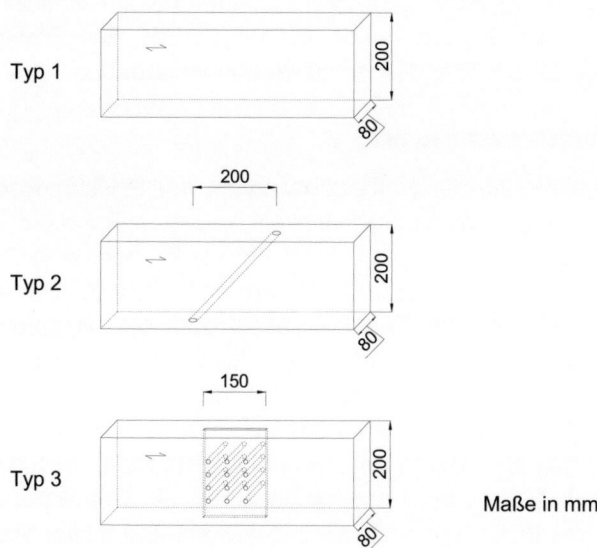

Bild 4-1   *Schematische Darstellung der untersuchten Querschnittstypen*

Um eine mögliche Schwächung validieren zu können, wurde neben Typ 2 und Typ 3 auch ein ungeschwächter Aufbau (Typ 1) gewählt und ebenfalls geprüft. Sowohl für die Zugversuche, als auch für die Druckversuche wurde 5-lagiges Brettschichtholz mit der Breite b = 80 mm und der Höhe h = 200 mm gewählt.

4.2 Druckversuche

Mit Hilfe von Druckversuchen soll der Einfluss einer Querschnittsschwächung im Verbindungsmittelbereich durch Bohrungen oder Schlitze in Brettschichtholzträgern bei einer mittigen Druckbeanspruchung untersucht werden. Dazu wurden Prüfkörper mit der Breite 80 mm und der Höhe 200 mm aus fünf 40 mm dicken Brettlamellen hergestellt. Insgesamt wurden 150 Druckversuche durchgeführt, 50 Prüfkörper mit ungeschwächtem Querschnitt (Typ 1), 50 Versuche mit durch Bohrung für eine Gewindestange geschwächtem Querschnitt (Typ 2) und 50 Versuche mit Versuchskörpern, die mit einem Schlitz und Bohrungen für ein Stahlblech und Stabdübel versehen wurden (Typ 3). Da die Verbindungsmittel bei einer Druckbeanspruchung einen Einfluss auf das Tragverhalten des Holzes haben können, wurde das Brettschichtholz mit Gewindestange, Stahlblech und Stabdübel geprüft.

4.2.1 Versuchsprogramm

Die Bestimmung der Holzeigenschaften der Prüfkörper wurde vor dem Bohren und Schlitzen vorgenommen, sodass anhand der Rohdichte- und Elastizitätsmodulwerte eine Einteilung der Prüfkörper in Gruppen (Typ 1, Typ 2 und Typ 3) vorgenommen werden konnte. Es besteht eine Korrelation zwischen der Druckfestigkeit und der Rohdichte bzw. dem Holzfeuchtegehalt bei Fichtenbrettschichtholz. Mit steigender Rohdichte nimmt die Druckfestigkeit zu. Außerdem können niedrige Holzfeuchtewerte hohe Druckfestigkeiten bewirken. Frese et al. (2011) haben diesen Sachverhalt auch durch simulierte Festigkeitswerte bestätigt (s. *Bild 4-2*). Aufgrund dieses Zusammenhangs wurde die Rohdichte der Druckprüfkörper vor dem Abbund bestimmt und anhand dieser Werte in die drei Querschnittsgruppen eingeteilt. Dazu wurde dem ersten Prüfkörper eines aus drei direkt aufeinander folgenden Rohdichtewerten bestehenden Tripels der Typ 1 zugewiesen, dem zweiten Prüfkörper Typ 2 und dem dritten Prüfkörper der Typ 3. Durch diese Einteilung ist gewährleistet, dass die Versuchswerte repräsentativ sind, da die komplette Spanne der Rohdichtewerte von jedem Typ abgedeckt ist. Die Häufigkeitsverteilung der Rohdichtewerte ist in *Bild 4-3* dargestellt. Die Holzfeuchte der Prüfkörper lag zwischen 9 % und 11 %.

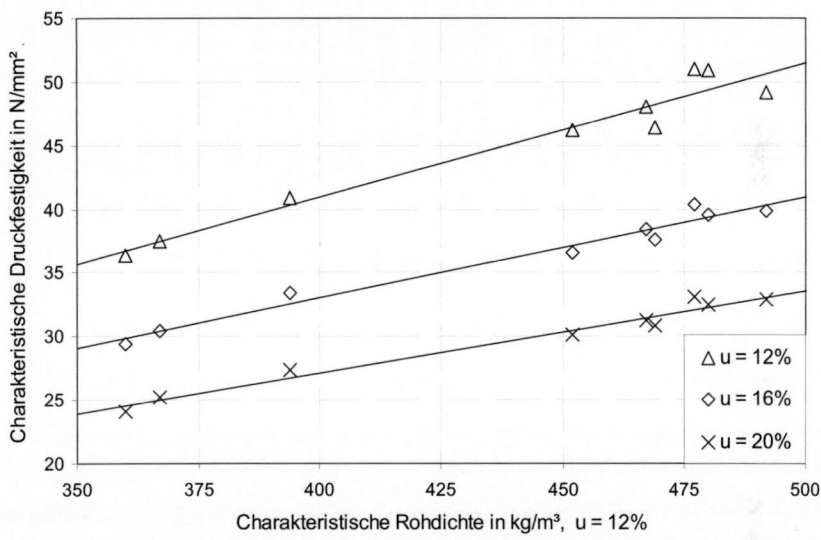

Bild 4-2   *Abhängigkeit simulierter Druckfestigkeiten von der charakteristischen Rohdichte unter Berücksichtigung verschiedener Holzfeuchten (Frese et al., 2011)*

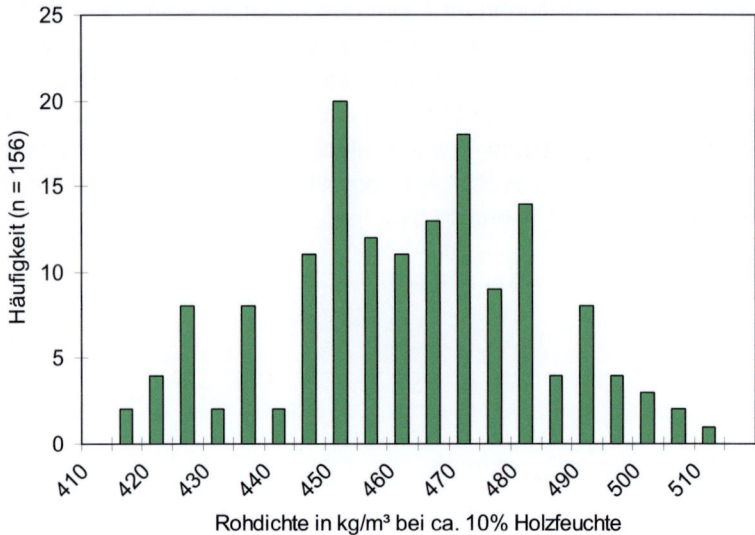

Rohdichte in kg/m³ bei ca. 10% Holzfeuchte

Bild 4-3   *Verteilung der Rohdichte der Druckprüfkörper bei ca. 10% Holz-*
feuchte ($\bar{x}$ = 458 kg/m³ und s = 20,8)

4.2.2 Versuchsaufbau

Es wurden je Versuchskonfiguration 50 Druckversuche in Anlehnung an DIN EN 408 durchgeführt. Dazu wurde mit einer konstanten Belastungs-geschwindigkeit von 0,5 mm/min der Prüfkörper bis zum Versagen (Lastabfall) beansprucht. Die Relativverschiebung in einem Bereich von 320 mm wurde mit induktiven Wegaufnehmern gemessen. Die Prüfkör-perlänge betrug 6 · b = 480 mm. Der Versuchsaufbau mit angebrachten Messmitteln ist dem *Bild 4-4* zu entnehmen.

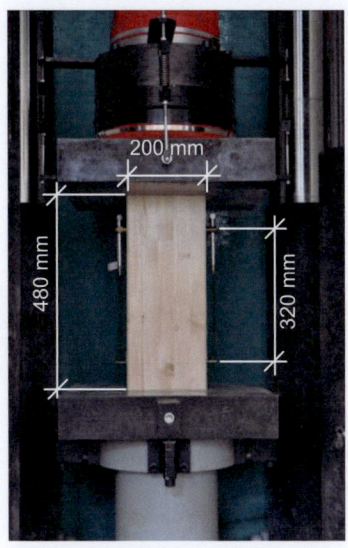

Bild 4-4   *Versuchskörper in Prüfmaschine*

4.2.3 Versuchsdurchführung

Insgesamt wurden 150 Druckversuche mit Brettschichtholz der Festigkeitsklasse GL24h mit und ohne Querschnittsschwächungen
durchgeführt. Die Spannungs-Dehnungs-Kurven sind in *Bild 11-4* bis *Bild
11-6* dargestellt.

Das Erreichen der Maximallast wurde gekennzeichnet durch das Ausbil-
den einer Druckfalte im Versagensbereich. Auf die unterschiedlichen
Versagensmechanismen der drei Querschnittstypen soll im Folgenden
näher eingegangen werden:

- Typ 1:

Die Druckfalte bildete sich meist über den kompletten Querschnitt
aus, wobei häufig zwischen den einzelnen Lamellen ein Sprung zu
beobachten war. Durch eine gelenkig gelagerte Metallplatte zur
Krafteinleitung war es möglich, dass auf der steiferen Seite (aufgrund von Randlamellen mit hohem Elastizitätsmodul und/oder Roh-

dichte) kleinere Verformungen gemessen wurden. Die Verschiebungen „rechts" und „links" wurden jeweils mit einem induktiven Wegaufnehmer gemessen. Der daraus berechnete Mittelwert wurde zur Auswertung nach DIN EN 408 herangezogen. In *Bild 4-5* ist ein typisches Versagensmuster des ungeschwächten Brettschichtholzbauteils dargestellt.

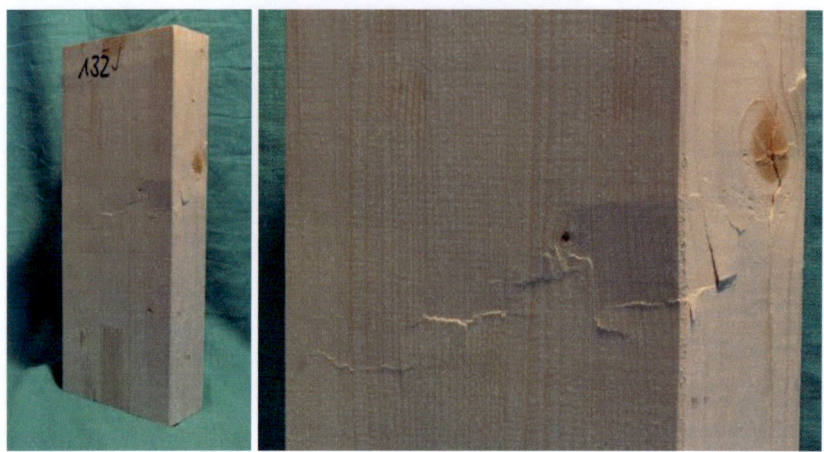

Bild 4-5   *Ungeschwächter Querschnitt (Typ 1)*

- Typ 2:

Die Gewindestange (d_{innen} = 15 mm und $d_{außen}$ = 20 mm) wurde in ein 16 mm großes vorgebohrtes Loch (mit einem Kraft-Faser-Winkel von 45°) eingebracht und anschließend bis zum Lastabfall belastet. Bei allen Versuchskörpern war ein „Treppenbruch" entlang der Gewindestange zu erkennen. Neben den Druckfalten bildeten sich Querzugrisse aufgrund der Abscherbeanspruchung in der um 45° geneigten Fläche in Richtung der Bohrung aus. Des Weiteren wurde häufig ein Aufspalten in Faserrichtung am Austrittsloch der Gewindestange auf der Schmalseite beobachtet. Die Versagensbilder der Prüfkörper mit geneigter Bohrung sind in *Bild 4-6* dargestellt.

Bild 4-6   *16 mm Bohrung (Typ 2) (links: vor dem Versuch; 2.v.l.: nach dem Versuch; 2.v.r.: Detail nach dem Versuch; rechts: Aufspalten)*

- Typ 3:

Die Versuchskörper des Typs 3 wurden mit 12 Löchern mit 10 mm Durchmesser vorgebohrt und über die komplette Balkenhöhe (h = 200 mm) auf einer Länge von ca. 150 mm mit einem ca. 7 mm breiten Schlitz versehen. Anschließend wurde ein 6 mm dickes Blech (L / B = 200 mm / 140 mm) und Stabdübel des Durchmessers Ø 10 mm eingebracht. Somit waren die Löcher satt mit Stahl ausgefüllt, das Blech hingegen hatte keine ausfüllende Wirkung. Das sich einstellende Versagensbild war nahezu immer gleich: Ein Druckversagen mit ausgeprägter Druckfalte in Höhe der Stabdübelreihen (s. *Bild 4-7*). Bei weit fortgeschrittener Belastung war manchmal ein leichtes Ausknicken der getrennten Brettschichtholzhälften zu beobachten und ein damit verbundenes Aufspalten parallel zur Faser am Schlitzende.

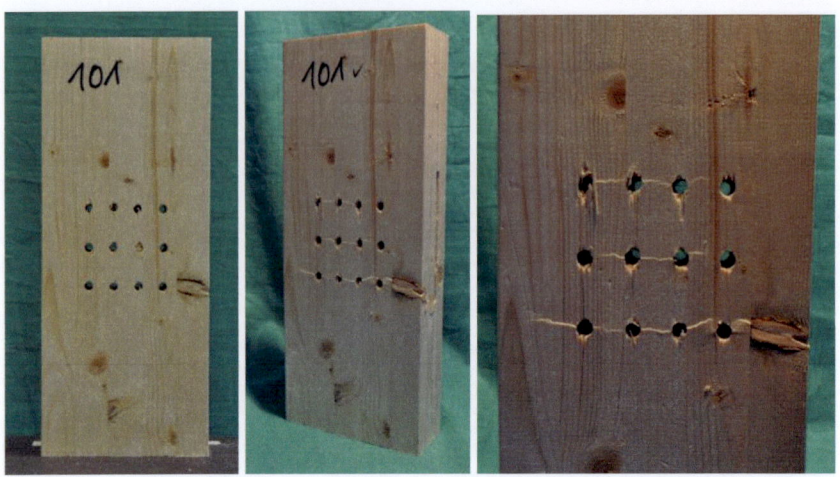

Bild 4-7   Schlitzblech und Stabdübel (Typ 3) (links: vor dem Versuch; Mitte: nach dem Versuch; rechts: Detail nach dem Versuch)

4.2.4 Ergebnisse

Mit Hilfe einer Versuchsreihe mit 3 x 50 Druckversuchen sollte der Einfluss einer Querschnittsschwächung genauer untersucht werden. Bei Tragfähigkeits- und Gebrauchstauglichkeitsnachweisen tragender Holzbauteile sind Querschnittsschwächungen in druckbeanspruchten Bauteilen nur dann rechnerisch zu berücksichtigen, wenn die geschwächte Stelle nicht satt ausgefüllt ist und/oder die Querschnittsschwächung nicht dauerhaft bzw. mit einem Werkstoff ausgefüllt ist, der einen geringeren Elastizitätsmodul aufweist als der des Holzwerkstoffes des Bauteils (Blaß et al., 2005). Die Vermutung liegt nahe, dass die geplanten Druckversuche Ergebnisse liefern, deren Werte die gleiche Größenordnung aufweisen. Eine Projektion der Querschnittsschwächung des Typs 2 ergibt einen Wert für A_{netto}/A_{brutto} von 0,80. Allerdings wird das gebohrte Loch fast komplett durch die Gewindestange ausgefüllt. Typ 3 besitzt unter Berücksichtigung der Stabdübel und des Blechs einen Wert für A_{netto}/A_{brutto} von 0,71. Im Ingenieurholzbau müsste nach Norm nur die durch das eingebrachte Blech entstandene Fehlfläche berücksichtigt werden. Somit würde sich der Verhältniswert auf 0,93 (Typ 3) erhöhen. In *Bild 4-8* sind die bemaßten Querschnitte dargestellt.

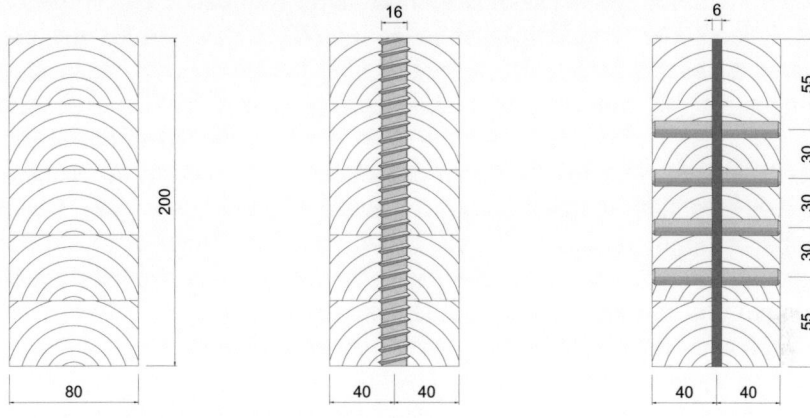

Bild 4-8   *Querschnitte mit Bemaßung in mm*

In Anlehnung an DIN EN 408 wurden die Versuchsdaten ausgewertet und der Elastizitätsmodul ($E_{c,o}$), die Druckfestigkeit des Bruttoquerschnitts ($f_{c,brutto}$) und des Nettoquerschnitts ($f_{c,netto}$) bestimmt. Die Ergebnisse der drei Versuchsreihen sind der *Tabelle 4-1* zu entnehmen. Der maximale Absolutwert der aufgebrachten Last und die lokale Zusammendrückung auf einer Länge von 320 mm sind ebenfalls angegeben. Alle Versuchsergebnisse (Druckspannung im Bruttoquerschnitt) sind in *Bild 4-9* über der mittleren Rohdichte der Versuchskörper aufgetragen. Eine Tragfähigkeitsminderung durch eine Querschnittsschwächung wird deutlich. Obwohl vergleichbares Material (GL24h) verwendet wurde, sind deutliche Unterschiede der maximal aufzunehmenden Druckspannungen zwischen den Typen 1, 2 und 3 zu erkennen. Der Vergleich der Versuchsreihen zeigt, dass die mittleren Maximaldruckspannungen des gebohrten Querschnitts (Typ 2) nur 79 % der mittleren Maximaldruckspannungen des ungeschwächten Querschnitts betragen. Die Prüfkörper mit Schlitzblech (Typ 3) zeigten eine noch niedrigere Tragfähigkeit (74 % des ungeschwächten Querschnitts). Diese Betrachtung zeigt, dass eine von der Norm vorgegebene Vernachlässigung der

Querschnittsschwächung im Druckbereich nicht die Realität widerspiegelt. Trotz Ausfüllen der Fehlstellen wird eine erhebliche Tragfähigkeitsminderung durch die Querschnittsschwächung verursacht. Ein Vergleich des Faktors der Tragfähigkeitsminderung (79 % bzw. 74 %) mit der Querschnittsschwächung (80 % bzw. 71 %) macht deutlich, dass eine Bemessung mit der Nettoquerschnittsfläche auch im Druckbereich notwendig ist. Der charakteristische Wert der Druckfestigkeit für GL24h nach DIN 1052 wird mit 24 N/mm² angegeben und scheint im Hinblick auf die Nettodruckfestigkeit ($f_{c,netto}$) in *Tabelle 4-1* sehr konservativ. Diese Beobachtungen werden durch die Ergebnisse von Frese et al. (2011) bestätigt und erfordern eine Berücksichtigung von Querschnittsschwächungen und der Holzfeuchte bei Druckbeanspruchungen in Faserrichtung um eine wirtschaftliche Bemessung zu ermöglichen.

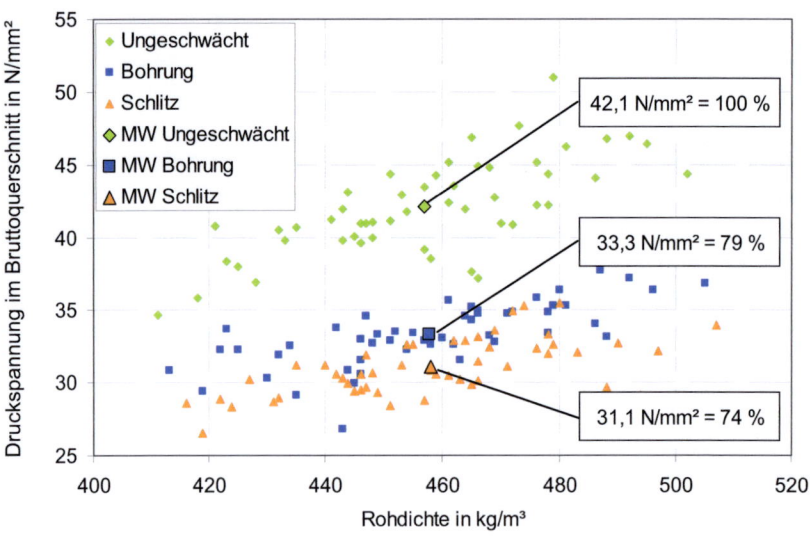

Bild 4-9   *Maximale Druckspannung im Bruttoquerschnitt über der mittleren Rohdichte bei ca. 10% Holzfeuchte (Mittlere Druckspannung des ungeschwächten Querschnitts $f_{c,brutto}$ = 42,1 N/mm² ist Referenzwert)*

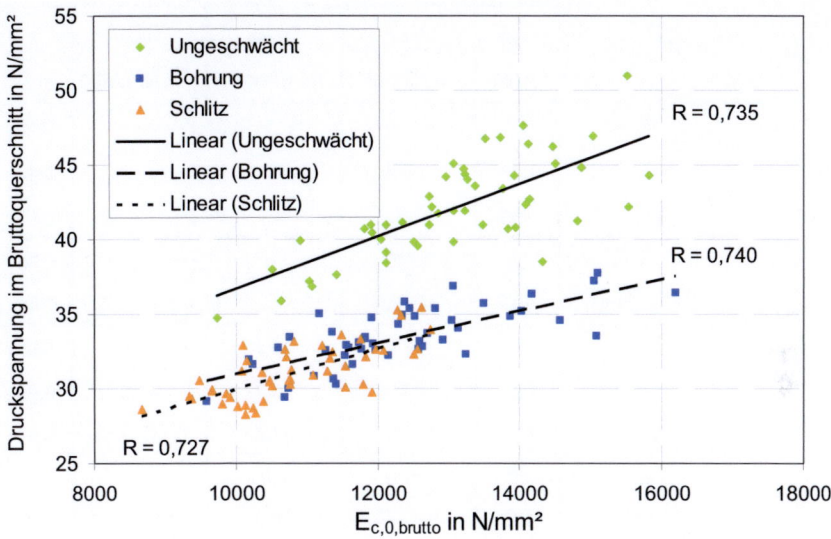

Bild 4-10   *Maximale Druckspannung im Bruttoquerschnitt über dem E-Modul*
             bezogen auf den Bruttoquerschnitt nach DIN EN 408

Bild 4-9 lässt eine Korrelation zwischen der Rohdichte und der Druckfestigkeit erkennen und bestätigt in etwa die Annahme aus *Bild 4-2*. Die
Mittelwerte der Druckspannungen im Nettoquerschnitt liegen im Bereich
von 41,8 N/mm² bis 43,7 N/mm². Die Abhängigkeit der Festigkeitswerte
von dem ermittelten Elastizitätsmodul nach DIN EN 408 ist in *Bild 4-10*
dargestellt. In dem Diagramm wird ersichtlich, dass durch eine Querschnittsschwächung die Steifigkeit eines Bauteils abnimmt und beim
Typ 3 keine Elastizitätsmoduln über 12800 N/mm² gemessen werden, da
sich die Schwächung durch den Sägeschnitt über eine Länge von
150 mm erstreckt.

Tabelle 4-1   Ergebnisse Druckversuche

		F_{max} in kN	$E_{c,o}$ in N/mm²	$f_{c,brutto}$ in N/mm²	$f_{c,netto}$ in N/mm²	ε in %
Typ 1	Min	555	9750	34,7		0,28
	$\bar{x}$	673	13050	42,1		0,40
N = 51	Max	816	15800	51,0		0,53
	s	52	1350	3,3		0,05
	5 %-Quantil	583	10650	36,4		0,31
Typ 2	Min	466	9600	29,1	36,4	0,25
	$\bar{x}$	535	12300	33,3	41,8	0,34
N = 50	Max	603	16200	37,7	47,1	0,47
	s	32	1400	2,0	2,5	0,04
	5 %-Quantil	479	10000	30,0	37,4	0,29
Typ 3	Min	453	8650	28,3	39,7	0,32
	$\bar{x}$	498	10850	31,1	43,7	0,41
N = 49	Max	567	12750	35,5	49,8	0,57
	s	30	1000	1,8	2,6	0,05
	5 %-Quantil	447	9150	28,0	39,2	0,35

Durch die Betrachtung der Druckspannung im Nettoquerschnitt (s. *Bild 4-11*) wird deutlich, dass die Punktwolken der drei Querschnittstypen sich nicht mehr abgrenzen lassen, sondern sich überlagern. Dies spricht dafür, die Druckspannungen im Nettoquerschnitt zu betrachten und die entsprechende Regel der Bemessungsnorm zu überdenken. Um genauere Aussagen über die Druckfestigkeiten von Brettschichtholz treffen zu können, sind weiterführende Versuche erforderlich. Im Rahmen dieses Forschungsvorhabens wird darauf nicht näher eingegangen.

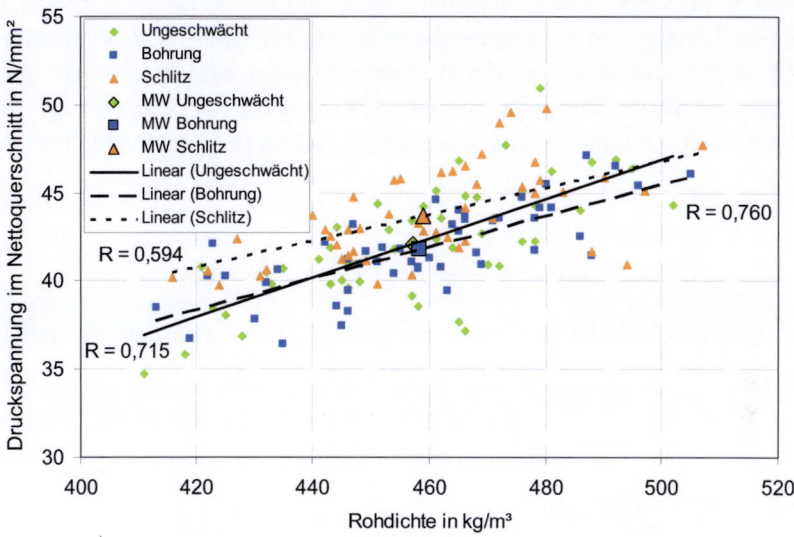

*Bild 4-11   Maximale Druckspannung im Nettoquerschnitt über der mittleren
Rohdichte bei ca. 10% Holzfeuchte*

4.3   Zugversuche

Bei der Planung eines Fachwerkträgers wird großer Wert darauf gelegt,
dass Verbindungsdetails so ausgeführt werden, dass die Verbindungen
möglichst wirtschaftlich sind. Gleichzeitig soll die Querschnittsschwächung gering gehalten werden. Die Fachwerkgurte werden an mehreren
Stellen durch den Anschluss der Diagonalen und/oder Pfosten für das
Einbringen der Verbindungsmittel geschwächt. Diese Querschnittsschwächung im Zuggurt wurde im Rahmen dieses Forschungsvorhabens durch Zugversuche an Brettschichtholzbauteilen der Festigkeitsklasse GL24h genauer untersucht. Dazu wurden insgesamt 95 Zugversuche von der Holzforschung München durchgeführt. Die verwendeten
Prüfkörper hatten die gleichen Querschnitte und Schwächungen wie die
Druckprüfkörper in Abschnitt 4.2. Lediglich die Prüfkörperlänge von ins-

gesamt 3800 mm weicht von den Maßen der Druckversuche ab, da eine ausreichend große Verankerungslänge zur Verfügung stehen musste (s. *Bild 4-12*). Die untersuchten Querschnittstypen sind in *Bild 4-1* dargestellt. Da der Einfluss von eingebrachten Verbindungsmitteln bei einer Zugbeanspruchung vernachlässigbar ist, wurde auf diese verzichtet.

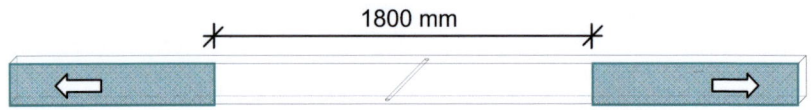

1800 mm

Bild 4-12   *Zugprüfkörper (Typ 2) mit 2 x 1000 mm Verankerungslänge*

4.3.1 Versuchsprogramm

Die Bestimmung der Holzeigenschaften der Zugprüfkörper wurde vor dem Bohren und Schlitzen vorgenommen, sodass anhand der Rohdichte- und Elastizitätsmodulwerte eine Einteilung der Prüfkörper in Gruppen (Typ 1, Typ 2 und Typ 3) vorgenommen werden konnte. Da die Zugfestigkeit mit dem Elastizitätsmodul positiv korreliert, wurde dieser durch eine dynamische Längsschwingungsmessung bestimmt und anschließend die Prüfkörper anhand dieser Werte (s. *Bild 4-13*), analog zu den Druckprüfkörpern, in die drei Querschnittsgruppen eingeteilt und abgebunden. Durch diese Einteilung ist eine große Spanne der vorhandenen Elastizitätsmodulwerte für jede Reihe gewährleistet und die Versuchsreihen sind untereinander vergleichbar. Die mittlere Rohdichte der Prüfkörper bei einer Holzfeuchte von ca. 9 ÷ 11% lag bei 463 kg/m³.

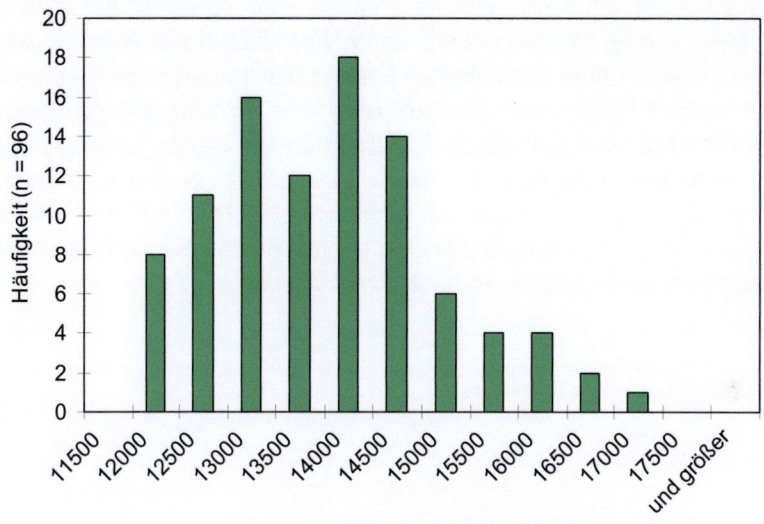

Bild 4-13   *Verteilung des Elastizitätsmoduls der Zugprüfkörper*
($\overline{x}$ = 13540 N/mm² und s = 1168 N/mm²)

4.3.2 Versuchsaufbau

In Kooperation mit der Holzforschung München wurden je Versuchskonfiguration 32 Zugversuche in Anlehnung an DIN EN 408 durchgeführt. Die Relativverschiebung in einem Bereich von 5 · h = 1000 mm wurde mit induktiven Wegaufnehmern gemessen. Die freie Prüfkörperlänge betrug 9 · b = 1800 mm. Der schematische Versuchsaufbau mit eingefärbten Verankerungsflächen ist dem *Bild 4-12* zu entnehmen. Die Tragfähigkeit wurde im Mittel nach 330 Sekunden erreicht.

4.3.3 Versuchsdurchführung

Die insgesamt 95 Prüfungen der Brettschichtholzquerschnitte der Festigkeitsklasse GL24h ohne Verbindungsmittel wurden im Versuchslabor der TU München durchgeführt. Die Versuchskörper wurden mit einer konstanten Belastungsgeschwindigkeit bis zum Versagen belastet. Das Versagen wurde meistens durch einen Sprödbruch der Randlamelle in einem Bereich mit offensichtlicher Faserabweichung (meist durch einen Ast verursacht), der über die gesamte freie Prüfkörperlänge variierte, ausgelöst. Dieser Riss breitete sich über den kompletten Querschnitt aus und verhinderte eine weitere Laststeigerung. Wie in *Bild 4-14* gezeigt, tritt das Versagen nicht nur in der geschwächten Zone auf, sondern kann sowohl im durch Bohrung/Schlitzung geschwächten Bereich als auch im ungeschwächten Querschnitt beobachtet werden.

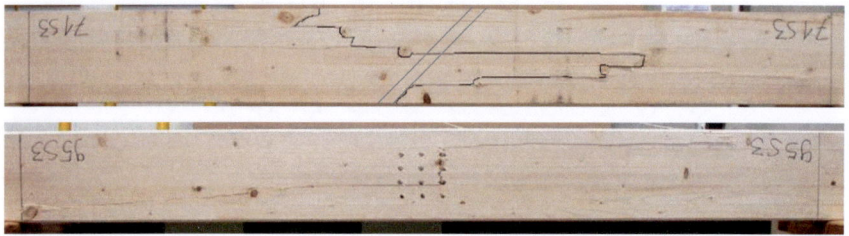

Bild 4-14   Versagensbild des Typs 2 (oben) und des Typs 3 (unten)

4.3.4 Ergebnisse

In Anlehnung an DIN EN 408 wurden die 3 x 32 Zugversuche ausgewertet und die Ergebnisse in *Tabelle 4-2* dargestellt. Neben der maximal aufgebrachten Last ($F_{max,Versuch}$) ist der ermittelte Elastizitätsmodul ($E_{t,o}$) in Faserrichtung, die Bruttozugfestigkeit, sowie die Nettozugfestigkeit in N/mm² im geschwächten Querschnitt angegeben. Analog zu den Druckprüfkörpern in Kapitel 4.2 liegt auch hier die Schwächung der um 45° geneigten Bohrung in der Projektionsfläche bei ca. 20 % und beim geschlitzten Bauteil bei 29 %. Eine leichte Tragfähigkeitsminderung durch die Querschnittsschwächung ist zu erkennen. Der Mittelwert der Zugfestigkeit des Typs 3 liegt ca. 14 % unterhalb des Wertes des ungeschwächten Querschnitts (Typ1).

Die Bemessung von zugbeanspruchten Bauteilen mit einer Querschnittsschwächung wird im Ingenieurholzbau durch einen Spannungsnachweis im Nettoquerschnitt vorgenommen. Somit werden sowohl bei den Nachweisen der Tragfähigkeit als auch der Gebrauchstauglichkeit Schwächungen berücksichtigt, auch wenn die entstandenen Fehlflächen komplett mit einem Verbindungsmittel ausgefüllt sind. Bei der Betrachtung der Nettozugspannungen im Rahmen dieses Versuchsprogramms wird deutlich, dass die Spannungen im geschwächten Querschnitt deutlich über den mittleren Spannungen des Typs 1 liegen, siehe *Bild 4-15*. Eine „Tragfähigkeitssteigerung" um 11% bzw. 21% des Nettoquerschnitts ist somit möglich. Da die Schwächungen nur auf einer Länge von 150 mm bzw. 200 mm vorhanden sind, aber eine freie Länge von 1800 mm geprüft wurde, liegt die Vermutung nahe, dass ein möglicher Längeneffekt für die Erhöhung des Wertes $f_{t,netto}$ verantwortlich ist. Eine Schwächung über eine Länge von z. B. 200 mm in einem Bauteil mit einer deutlich größeren Gesamtlänge von z. B. 1800 mm hat somit einen geringen Einfluss als eine Querschnittsschwächung über die gesamte Bauteillänge. Diese Erkenntnis könnte eine wirtschaftlichere Bemessung zur Folge haben. Bei dieser Betrachtungsweise spielt der Längeneffekt eine wesentliche Rolle. Diese Thematik wird unter Berücksichtigung statistischer Effekte in Kapitel 5 untersucht.

Die Betrachtung der Zugfestigkeit im Bruttoquerschnitt $f_{t,brutto}$ in *Bild 4-16* bestätigt die Korrelation der Zugfestigkeit mit dem ermittelten E-Modul nach DIN EN 408. Auffällig sind die relativ großen Streuungen und die entsprechenden Standardabweichungen von ca. 72 kN. Im Gegensatz zur Druckbeanspruchbarkeit nimmt die Zugfestigkeit bei Fehlern (meist Faserabweichungen durch Äste) überproportional stark ab und bewirkt ein frühzeitiges Versagen der Versuchskörper. Nach Neuhaus (2011) ist die Druckfestigkeit f_c von Hölzern weniger stark vom Winkel zwischen Kraft- und Faserrichtung abhängig als die Zugfestigkeit f_t. Des Weiteren ist die Zugfestigkeit signifikant vom beanspruchten Holzvolumen abhängig.

Tabelle 4-2   Ergebnisse Zugversuche

		$F_{max,Versuch}$ in kN	$E_{t,o}$ in N/mm²	$f_{t,brutto}$ in N/mm²	$f_{t,netto}$ in N/mm²
Typ 1	Min	290	11500	18,1	
	$\bar{x}$	462	13800	28,9	
N = 32	Max	599	16750	37,5	
	s	71	1300	4,4	
	5 %-Quantil	348	11650	21,7	
Typ 2	Min	300	11300	18,7	23,4
	$\bar{x}$	410	13700	25,6	32,0
N = 31	Max	604	16400	37,8	47,2
	s	73	1300	4,6	5,7
	5 %-Quantil	290	11450	18,1	22,6
Typ 3	Min	265	10800	16,6	23,3
	$\bar{x}$	399	13100	24,9	35,0
N = 32	Max	557	16200	34,8	48,8
	s	72	1200	4,5	6,3
	5 %-Quantil	275	11000	17,2	24,1

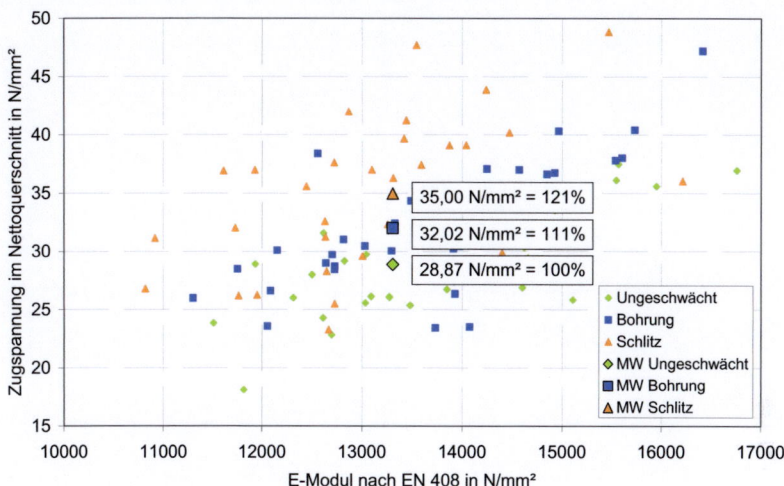

Bild 4-15   *Maximale Zugspannung im Nettoquerschnitt über mittlerem E-Modul (Mittlere Zugspannung $f_{t,netto}$ = 28,87 N/mm² des unge-schwächten Querschnitts ist Referenzwert)*

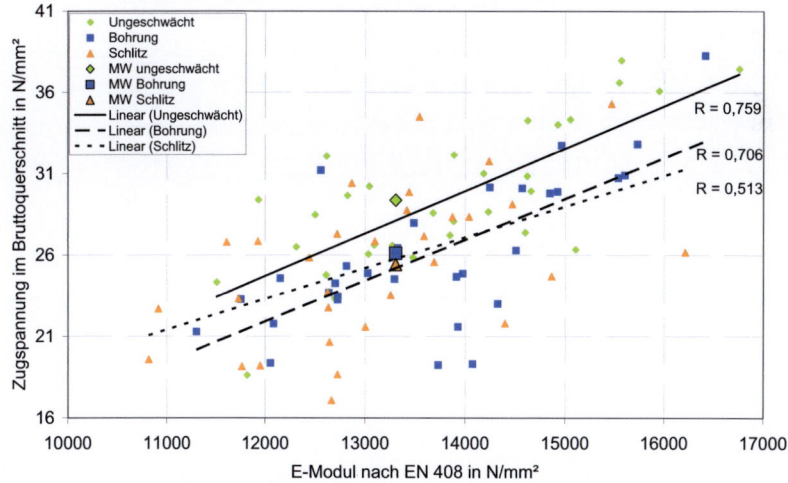

Bild 4-16   *Maximale Zugspannung im Bruttoquerschnitt über mittlerem E-Modul*

5 Zugtragfähigkeit von Fachwerkgurten

5.1 Allgemeines

Im Rahmen dieses Forschungsvorhabens soll die Zugtragfähigkeit in Fachwerkgurten genauer untersucht werden. Dazu wird im Folgenden neben einer Hintereinanderschaltung mehrerer Bauteile auch der Längeneffekt auf die Zugtragfähigkeit eines ganzen Gurtes berücksichtigt. Die sich daraus ergebenden Zugtragfähigkeiten werden näher erläutert.

Zur Untersuchung des Einflusses mehrerer Bauteilabschnitte und Querschnittsschwächungen in einem Zuggurt werden Festigkeitswerte benötigt. Diese Werte lieferte eine Simulation von Brettschichtholzträgern mit dem Programm Ansys. Frese et al. (2010) zeigten mit Hilfe dieser Simulationen in einem früheren Forschungsvorhaben den Einfluss der Bauteillänge auf die Zugfestigkeit von Brettschichtholzbauteilen. In Freses Modell werden Standardträger (s. *Bild 5-1*) simuliert und den einzelnen Elementen (30 x 150 mm²) stochastische Bretteigenschaften (Monte-Carlo-Simulation) zugewiesen. Sowohl für den Träger 1 (Histogramm s. *Bild 11-7*) als auch für den doppelt so langen Träger 2 wurden jeweils 1000 Festigkeitswerte bestimmt. Ein Auszug dieser Werte für eine bestimmte Festigkeitssortierung ist in *Tabelle 5-1* zusammengestellt.

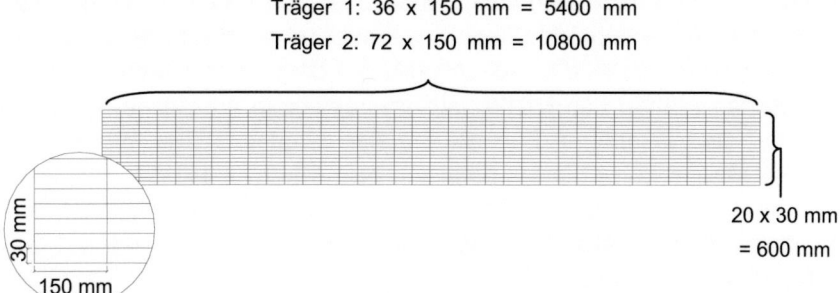

Träger 1: 36 x 150 mm = 5400 mm
Träger 2: 72 x 150 mm = 10800 mm

30 mm
150 mm

20 x 30 mm
= 600 mm

Bild 5-1   *Aufbau der simulierten Brettschichtholzträger*

Tabelle 5-1   Simulierte Festigkeitswerte nach Sortierklasse VIS II nach Frese et al. (2010)

Brettschichtholzträger 1		Brettschichtholzträger 2	
f_t in N/mm²		f_t in N/mm²	
17,0		12,9	
17,1		14,7	
17,1	N = 1000	15,0	N = 1000
17,5	f_{mean} = 26,7 N/mm²	15,2	f_{mean} = 24,7 N/mm²
17,8	$f_{0,05}$ = 21,5 N/mm²	15,5	$f_{0,05}$ = 19,4 N/mm²
.	s = 3,0 N/mm²	.	s = 2,9 N/mm²
.		.	
.		.	
34,4		32,0	
35,3		32,0	

Da die Normalkraftverteilung im Untergurt nicht konstant ist, sondern zu den Auflagern hin abnimmt, soll an zwei Fachwerkträgern beispielhaft die Verteilung der Zugspannungen im Untergurt genauer betrachtet werden. Dazu wird angenommen, dass in jedem Knotenpunkt des Obergurts eine Kraft F angreift. Die daraus resultierende qualitative Verteilung der Normalkraft ist in *Bild 5-2* und *Bild 5-4* dargestellt. Durch den symmetrischen Aufbau der Träger wird im Folgenden nur der jeweils linke Teil des parallelgurtigen Fachwerkträgers dargestellt. Die Abbildungen sind so skaliert, dass der am höchsten belastete Mittelteil des Zuggurtes den Wert α = 1 aufweist. Die Zugkraft parallel zur Faser zwischen zwei Knotenpunkten ist konstant und nimmt zum Auflager hin bis auf den Wert „0" ab.

Bei der Betrachtung der Knotenpunkte wird angenommen, dass diejenigen Knotenabschnitte, die an zwei Gurtbauteile angrenzen, die höhere

Normalkraft der beiden Teile aufnehmen müssen. Somit wird z.B. K4 (s. *Bild 5-3*) mit der Normalkraft „+0,87" beansprucht.

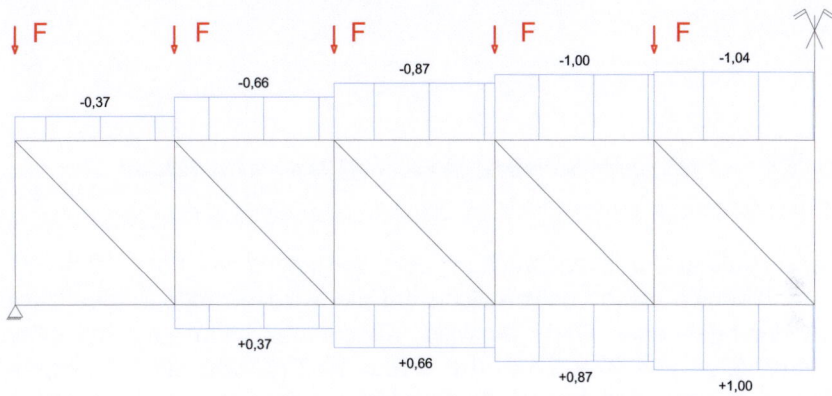

Bild 5-2   *Normalkraftverteilung (Faktor α) im parallelgurtigen Fachwerkträger mit 10 Feldern*

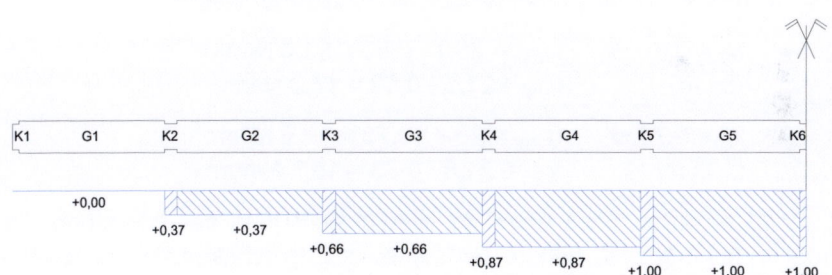

Bild 5-3   *Normalkraft im Untergurt unter Berücksichtigung der Knoten- (K_x) und Gurtbereiche (G_x)*

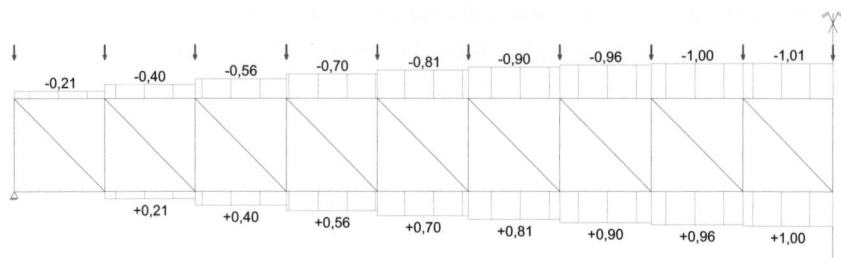

Bild 5-4   Normalkraftverteilung im Fachwerkträger mit 18 Feldern

Die Abstufung der Beanspruchung wird vorgenommen, um zu untersuchen, wie sich diese Lastverteilung auf die anzusetzende Zugfestigkeit des durchgehenden Gurts auswirkt. Konservativ kann auch mit einer Gesamtlänge von 10 x 5,4 m (bzw. 10 x 10,8 m) und einer Beanspruchung „1" beim 10-feldrigen Fachwerkträger gerechnet werden. Allerdings hat Frese durch seine Untersuchungen des Längeneffekts eine Tragfähigkeitsminderung bei zunehmender Bauteillänge nachgewiesen. Eine Näherung mit Hilfe des $k_{l,t}$ - Faktors würde folgende Zugfestigkeiten der 54 m bzw. 108 m langen Brettschichtholzträger liefern:

- $k_{l,t} = 0,80$ → $f_{mean} = 26,7 \cdot 0,80 = 21,4$ N/mm²
  (54 m) $f_{0,05} = 21,5 \cdot 0,80 = 17,2$ N/mm²

- $k_{l,t} = 0,73$ → $f_{mean} = 26,7 \cdot 0,73 = 19,5$ N/mm²
  (108 m) $f_{0,05} = 21,5 \cdot 0,73 = 15,7$ N/mm²

Es wird erwartet, dass unter der Berücksichtigung der Abstufung der Beanspruchung eine höhere rechnerische Zugfestigkeit für den Untergurt zu ermitteln ist.

5.2 Systemeffekt im Fachwerkträger

5.2.1 Zufällige Festigkeitswerte in Gurtbauteilen

Zur Untersuchung der Zugfestigkeit von 10- und 18-feldrigen Fachwerkträgern bei gestufter Belastung im Zuggurt wurden je Trägeraufbau 1000 Trägern zufällig Festigkeitswerte aus den ermittelten 1000 Werten zugeteilt. Dazu wurde jedem Gurtteil der Länge 5,4 m bzw. 10,8 m ein f_t-Wert zugewiesen. Im folgenden *Bild 5-5* sind beispielhaft die Festigkeitswerte des ersten virtuellen Trägers dargestellt.

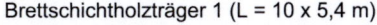

Brettschichtholzträger 1 (L = 10 x 5,4 m)

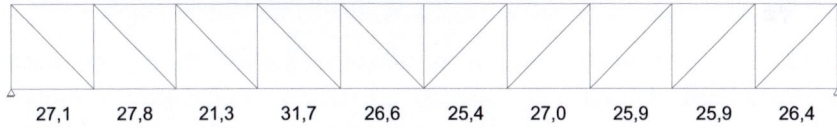

| 27,1 | 27,8 | 21,3 | 31,7 | 26,6 | 25,4 | 27,0 | 25,9 | 25,9 | 26,4 |

Bild 5-5   *Virtueller Fachwerkträger mit Festigkeitswerten in N/mm²*

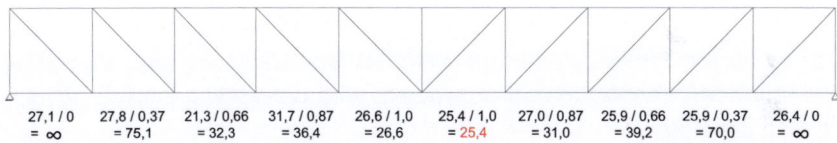

| 27,1 / 0 | 27,8 / 0,37 | 21,3 / 0,66 | 31,7 / 0,87 | 26,6 / 1,0 | 25,4 / 1,0 | 27,0 / 0,87 | 25,9 / 0,66 | 25,9 / 0,37 | 26,4 / 0 |
| = ∞ | = 75,1 | = 32,3 | = 36,4 | = 26,6 | = 25,4 | = 31,0 | = 39,2 | = 70,0 | = ∞ |

Bild 5-6   *Virtueller Fachwerkträger mit maßgebenden Festigkeitswerten*

Diese Festigkeitswerte werden durch den Faktor α aus der Normalkraftverteilung (s. *Bild 5-2*) dividiert und ergeben die umgerechnete, aufnehmbare Beanspruchung im mittleren Feld des Fachwerkträgers (s. *Bild 5-6*). Der Minimalwert eines Fachwerkträgers ist der maßgebende Festigkeitswert für das System. Die Normalspannung im mittleren Feld darf diesen Wert nicht überschreiten. Diese Untersuchung wird an je 1000 Systemen durchgeführt und liefert folgendes Ergebnis (s. Spalte „Gurt - Zufall"):

Tabelle 5-2   Maßgebende Zugspannung in N/mm² im Fachwerkträger

		10 Felder		18 Felder	
		Gurt - Zufall	Gurt - P	Gurt - Zufall	Gurt - P
Träger 1	f_{mean}	24,6	24,9	23,5	23,7
L_{Feld} = 5,4 m	$f_{0,05}$	20,5	s = 2,5 — 19,7	18,7	s = 2,5 — 18,6
Träger 2	f_{mean}	22,5	22,8	21,4	21,7
L_{Feld} = 10,8 m	$f_{0,05}$	17,3	s = 2,7 — 17,3	16,7	s = 2,5 — 16,5

5.2.2 Versagenswahrscheinlichkeit aus simulierter Wertemenge

Neben der zufälligen Zuweisung von Festigkeitswerten für die einzelnen Gurtabschnitte der 1000 Fachwerkträger soll die Zugfestigkeit alternativ ermittelt werden. Dazu wird eine Versagenswahrscheinlichkeit P(Versagen) folgendermaßen ermittelt:

$$P(\text{Versagen}) = 1 - P(\text{Nicht} - \text{Versagen}) \qquad (5\text{-}1)$$

Bei mehreren hintereinandergeschalteten Bauteilen, die eine ungleiche Versagenswahrscheinlichkeit aufweisen, wird die Versagenswahrscheinlichkeit der Kette:

$$P(\text{Versagen}) = 1 - P_1(\text{Nicht} - V) \cdot P_2(\text{Nicht} - V) \cdot \ldots \cdot P_i(\text{Nicht} - V) \qquad (5\text{-}2)$$

Die Wahrscheinlichkeit, dass ein Bauteil nicht versagt, kann bei einer Menge von 1000 Festigkeitswerten mit

$$P(\text{Nicht} - \text{Versagen}) = 1 - \frac{n}{1000} \qquad (5\text{-}3)$$

(mit n .. Anzahl der Werte aus der Grundgesamtheit von 1000 Werten, die kleiner sind als ein Festigkeitswert f_t · Faktor α)

bestimmt werden.

Um die mittlere Zugfestigkeit (Versagenswahrscheinlichkeit P(Versagen) = 0,5) zu ermitteln, wird die Zugfestigkeit f_t so lange variiert, bis die Versagenswahrscheinlichkeit P(Versagen) den Wert 0,5 aufweist. Die Versagenswahrscheinlichkeit, unter Berücksichtigung von 10 Gurtbauteilen, wird wie folgt berechnet:

$$P(\text{Versagen}) = 1 - P_{G1}(N-V) \cdot P_{G2}(N-V) \cdot P_{G3}(N-V) \cdot ... \cdot P_{G10}(N-V) \qquad (5\text{-}4)$$

Die charakteristische Zugfestigkeit des Trägers (Versagenswahrscheinlichkeit P(Versagen) = 0,05) wird analog ermittelt. Die Ergebnisse sind der Spalte „Gurt – P" in *Tabelle 5-2* zu entnehmen. Diese Untersuchungen basieren auf der Theorie des schwächsten Gliedes, welche von Pierce (1926), Tucker (1927) und Weibull (1939) für sprödes Material entwickelt wurde. Diese Theorie besagt, dass eine auf Zug beanspruchte Kette so stark ist wie ihr schwächstes Glied.

5.2.3 Rechnerische Zugfestigkeiten unter Berücksichtigung der Knotenbereiche

Durch den Anschluss von Diagonalen und Pfosten im Fachwerkträger an die Gurte kommt es gezwungenermaßen zu Querschnittsschwächungen. Diese werden in weiteren Überlegungen berücksichtigt. Da die Bereiche der Schwächungen deutlich kleiner sind als die Bauteillängen zwischen den Knotenpunkten, wird folgende Hypothese aufgestellt:

$$A_{\text{Knoten}} \cdot f_{t,\text{Knoten}} = A_{\text{Gurt}} \cdot f_{t,\text{Gurt}} \qquad (5\text{-}5)$$

Da eine Querschnittsschwächung die zur Kraftübertragung zur Verfügung stehende Querschnittsfläche (A_{Knoten}) mindert, muss unter der obigen Annahme die Zugfestigkeit im Knotenbereich $f_{t,\text{Knoten}}$ höher sein als in den übrigen Gurtbereichen. Dass diese Annahme grundsätzlich richtig sein kann, zeigt *Bild 5-7*. Das dargestellte Diagramm zeigt die Abhängigkeit der Zugfestigkeit von der Bauteillänge und macht den Längeneffekt deutlich. Bei einer Querschnittsschwächung von ca. 20% und einer um 25% erhöhten Zugfestigkeit im geschwächten Bereich kann die Querschnittsschwächung vernachlässigt werden. Allerdings werden die Knoten als zusätzliche Bauteilabschnitte im Gurt berücksichtigt. *Bild 5-3* zeigt, dass somit ein 10-feldriger Fachwerkträger aus 10 Gurtteilen und 11 Knoten besteht, die Kette aus hintereinander geschalteten Gliedern gegenüber den bisherigen Betrachtungen länger wird und somit die Versagenswahrscheinlichkeit bei gleichbleibender Belastung steigt.

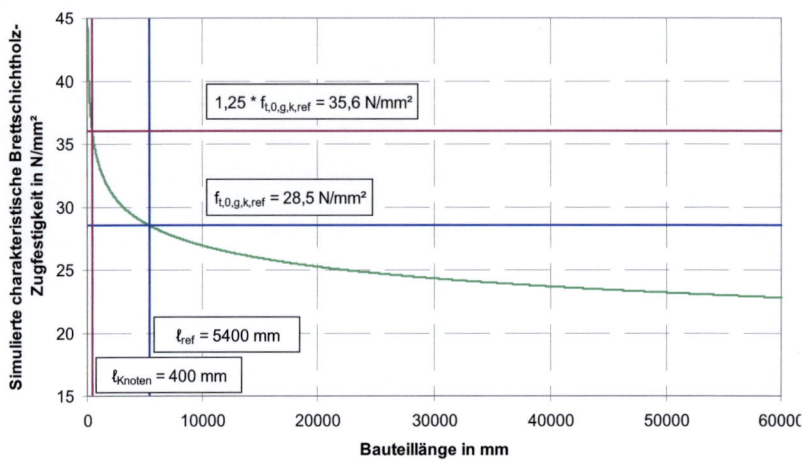

Bild 5-7   Längeneffekt nach Frese et al. (2010); Sortierverfahren EDYN II

Analog zu den Betrachtungen in Kapitel 5.2.2 werden sowohl das 5%-Quantil, als auch die Mittelwerte der Zugfestigkeit des gesamten Gurtes unter Berücksichtigung der Knoten ermittelt. Diese Ergebnisse sind in *Tabelle 5-3* angegeben.

Tabelle 5-3   *Rechnerische Zugfestigkeit in N/mm² im Fachwerkträger unter Berücksichtigung der Knotenbereiche*

		10 Felder	18 Felder
		Gurt + Knoten - P	Gurt + Knoten - P
Träger 1	f_{mean}	23,0	22,0
L_{Feld} = 5,4 m	$f_{0,05}$	18,0	17,8
Träger 2	f_{mean}	21,0	19,9
L_{Feld} = 10,8 m	$f_{0,05}$	15,8	15,6

5.3 Zusammenfassung

Die hier dargestellten Ergebnisse zeigen, dass es mehrere Möglichkeiten gibt, die anzusetzende Zugfestigkeit eines Fachwerkträgergurtes zu ermitteln. Die konservativste Betrachtung kann mit Hilfe des $k_{l,t}$ - Faktors nach Frese geführt werden, welche von einer konstanten Belastung des Gurtes über die gesamte Länge ausgeht. Durch Berücksichtigung der geringer werdenden Normalkraft in Richtung der Auflager, kann eine um 5 ÷ 17% höhere Zugfestigkeit angesetzt werden (vgl. *Tabelle 5-2*). Querschnittsschwächungen können die zur Kraftübertragung vorhandene Fläche deutlich reduzieren, allerdings sind hierbei nur kurze Abschnitte in den Knotenbereichen betroffen. *Bild 5-7* macht deutlich, dass in diesen Bereichen höhere Festigkeitswerte gelten, was die Querschnittsschwächung etwas relativiert.

6 Gestufte Schwalbenschwanzverbindung

6.1 Allgemeines

In einem Fachwerk werden Füllstäbe zwischen den Gurten benötigt, um den Schub über Zug- und/oder Druckkräfte aufzunehmen. Bei den druckübertragenden Füllstäben soll eine formschlüssige Verbindung mittels gestufter Schwalbenschwanzverbindung erfolgen. In *Bild 6-1* ist der geplante Aufbau einer Schwalbenschwanzverbindung dargestellt. Die gestuften Flanken sollen durch eine Erhöhung der Reibung zu höheren Tragfähigkeiten und Steifigkeiten führen. Dies soll im Vergleich zur herkömmlichen zimmermannsmäßigen Schwalbenschwanzverbindung überprüft werden. Ziel ist es, eine Verbindung zu entwickeln, die sowohl Druck- als auch Querkräfte aufnehmen kann. Hierzu bedarf es grundlegender und vergleichender Versuche eines modifizierten Aufbaues mit bisher bekannten Schwalbenschwanzverbindungen ohne stufigen Flankenaufbau.

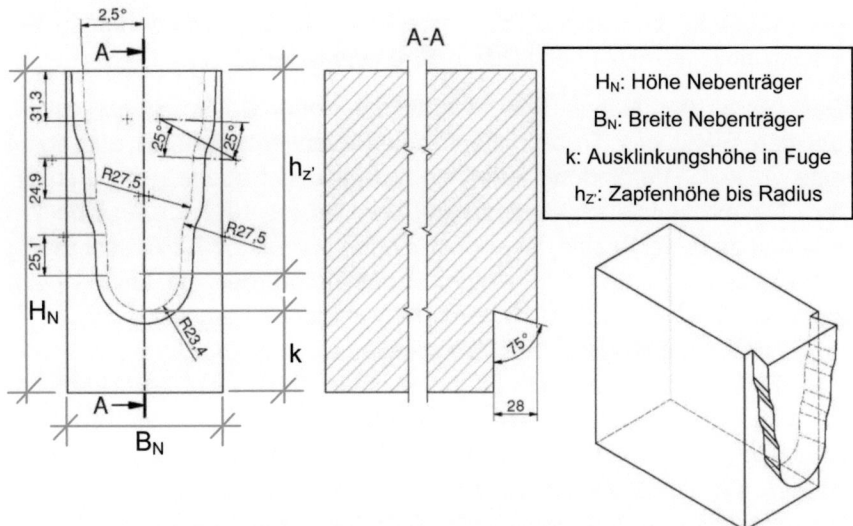

Bild 6-1 *Schematische Zeichnung der Zapfenausbildung (Reihe 1.1.2, 2.1.1, 2.1.2 und 2.1.3); Maße in mm*

Die Schwalbenschwanzverbindung soll in Form einer Haupt-Nebenträger-Verbindung geprüft werden. Dabei sollen explizit die aus diversen früheren Versuchen an der Versuchsanstalt für Stahl, Holz und Steine bekannten Versagensmechanismen untersucht werden. Der Ausklinkungsgrad des Nebenträgers und die Restholzhöhe des Hauptträgers werden als variable Einflussparameter betrachtet.

6.2 Versuchsprogramm

Innerhalb dieses Versuchsprogramms sollten bekannte Versagensmechanismen dieser Verbindungsart provoziert werden. Dazu war es notwendig, zwei verschiedene Versuchsaufbauten zu wählen, um in der Reihe 1 ein Versagen des Nebenträgers und in Reihe 2 ein Versagen des Hauptträgers zu bewirken.

Für die Versuche wurden Duo-/Triobalken nach abZ Nr. Z-9.1-440 aus Nadelschnittholz der Holzarten Fichte/Tanne der Sortierklasse S10 für die Prüfkörper verwendet. Die Bauteile sollten den Anforderungen der Festigkeitsklasse C24 nach DIN 1052 entsprechen.

Der Zapfen des Nebenträgers wurde mit einem Untermaß hergestellt, um den Effekt des Trocknungsprozesses vorwegzunehmen und somit eine „lockere" Verbindung zwischen Haupt- und Nebenträger zu schaffen. Da mit Holzfeuchteänderungen von bis zu 10% im eingebauten Zustand zu rechnen sind, ist ein Schwinden von bis zu 2,2% rechtwinklig zur Holzfaser zu erwarten. Aufgrund dessen wurden die Zapfen beim Abbund mit einem Untermaß von 1 mm je Flanke hergestellt. Die wichtigsten Geometriemaße der Versuchskörper sind in *Tabelle 6-1* und *Tabelle 6-2* dargestellt. Das Flankenspiel ist darin nicht berücksichtigt. Die angegebenen Werte beschreiben die Abmessungen des Nebenträgers (siehe auch *Bild 6-1*), sowie die Höhe H_H und Breite B_H des Hauptträgers. Die kompletten Zeichnungen mit Angabe der Radien und Stufengeometrie sind den Bildern *Bild 11-8* bis *Bild 11-11* zu entnehmen.

Tabelle 6-1   Profilmaße in mm der Reihe 1

Reihe	Anzahl	Nebenträger				Hauptträger	
		H_N	B_N	k	$h_{Z'}$	H_H	B_H
1.1.1	6	200	100	25	145	240	100
1.1.2	6	200	100	50	120	200	100
1.1.3	6	200	100	75	95	200	100
1.2	6	240	160	50	130	240	160

Tabelle 6-2   Profilmaße in mm der Reihe 2

Reihe	Anzahl	Nebenträger				Hauptträger	
		H_N	B_N	k	$h_{Z'}$	H_H	B_H
2.1.1	6	200	100	50	120	180	100
2.1.2	6	200	100	50	120	200	100
2.1.3	6	200	100	50	120	230	100

6.3 Versuchsaufbau

Der Aufbau der Versuche wurde in Anlehnung an früher geprüfte Schwalbenschwanzverbindungen gewählt, sodass eine Vergleichbarkeit gewährleistet ist.

6.3.1 Versuchsaufbau Reihe 1

Der Versuchsaufbau der Reihe 1 ist in *Bild 6-2* schematisch dargestellt. Die Nebenträger wurden an beiden Enden an jeweils einen Hauptträger angeschlossen (Nebenträgerlänge = 10 x H_N; Abstand Lasteinleitung zur Verbindung = 2 x H_N). Um ein Versagen des Hauptträgers zu verhindern, wurden diese unter der Ausfräsung vollflächig aufgelagert. Insgesamt 20

Versuche bei Variation der Ausklinkungshöhe k waren vorgesehen. Bei jeder Verbindung wurde mit Hilfe von vertikal angebrachten induktiven Wegaufnehmern die Verformung während des Versuchs gemessen. Die Anordnung der Messmittel, die Krafteinleitung und die Auflagerung ist dem *Bild 6-3* zu entnehmen. Die Bauteilabmessungen und die Versuchs-reihenbeschriftungen sind in der *Tabelle 6-1* dargestellt.

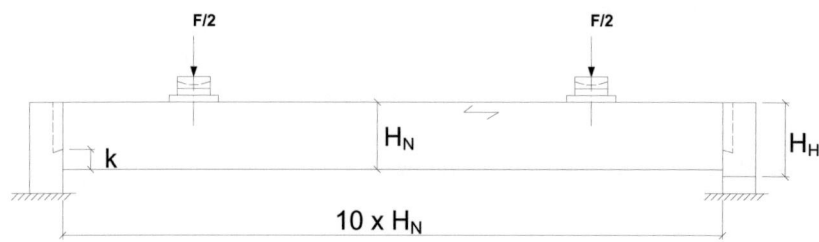

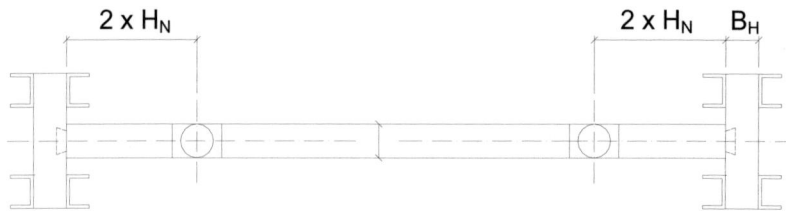

Bild 6-2   Schematische Versuchsanordnung der Reihe 1

Bild 6-3   *Linke Verbindung des Versuchs 1.1.3_1*

6.3.2 Versuchsaufbau Reihe 2

Insgesamt 15 Hauptträger, an die ein Nebenträger angeschlossen wurde, wurden wie in *Bild 6-4* schematisch dargestellt mit Hilfe einer Einzelprüfzylinder-Anlage mit einem hydraulischen 100 kN Einzelprüfzylinder unter kontinuierlicher elektronischer Messung der Kolben- und Auflagerlast sowie der Verschiebungen zwischen Haupt- und Nebenträger (Messrate: 1 Hz) bis zum Versagen belastet. Die Nebenträger sind jeweils nur an einem Ende angeschlossen (Nebenträger-Auflagerabstand = 6 x H_N). Ein Längsaufspalten der Nebenträger an der Ausklinkung soll verhindert werden, indem die Lasteinleitung zapfennah erfolgt. Das Absteckmaß, also der Abstand vom unteren Trägerrand zur Unterkante der Ausfräsung, soll bei den Versuchen mit Einzelanschlüssen variiert werden. Die Bauteilabmessungen der Versuchsreihe 2 sind in *Tabelle 6-2* angegeben. Der Versuchsaufbau ist in *Bild 6-5* dargestellt.

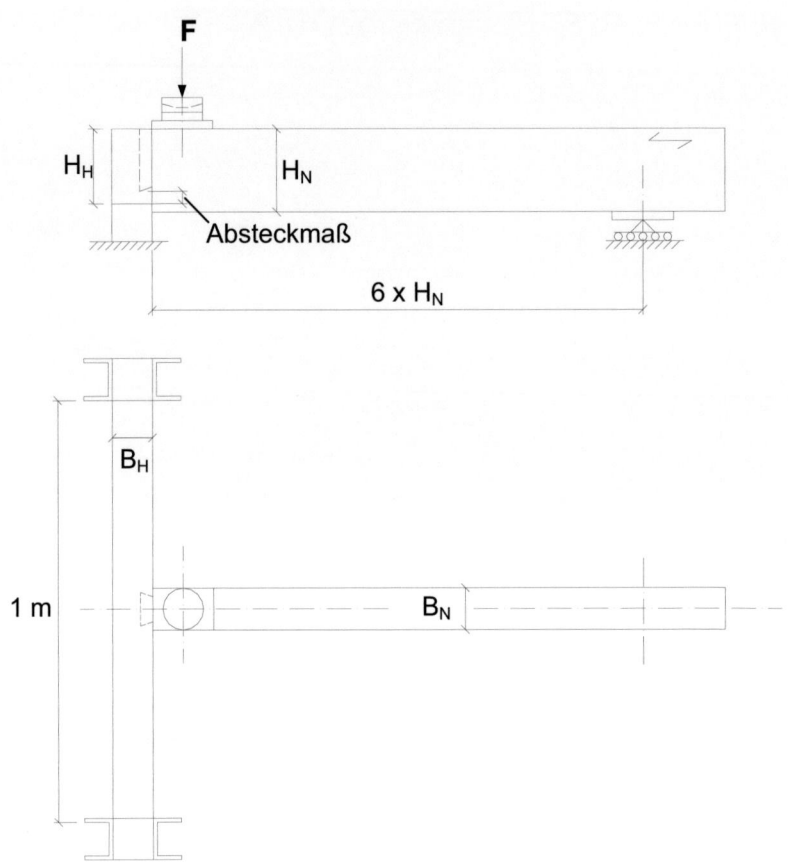

Bild 6-4   Schematische Versuchsanordnung der Reihe 2

Bild 6-5   Versuchsaufbau Reihe 2

6.4 Versuchsdurchführung

Die Prüfkörper wurden mit einer konstanten Belastungsgeschwindigkeit so belastet, dass das Erreichen der Tragfähigkeit nach ca. 12 bis 15 Minuten zu erwarten war. Es wurde das Belastungsverfahren nach DIN EN 26891 angewandt. Die Hauptträger waren horizontal in einer Gabellagerung eingespannt, um ein Verdrehen des Hauptträgers während des Versuchs zu verhindern.

Die vertikalen Verschiebungen wurden mittels zwei beidseitig angebrachten induktiven Wegaufnehmern je Verbindung gemessen. Die horizontalen Verschiebungen wurden vernachlässigt. Unmittelbar nach den Versuchen wurden im Bruchbereich Holzproben zur Bestimmung der Rohdichte und des Feuchtegehalts entnommen. Die Ergebnisse sind in *Tabelle 11-4* und *Tabelle 11-6* zusammengestellt.

Alle Zapfen wurden so hergestellt, dass die Verbindung etwas Spiel hatte und die Bauteile ohne Kraftaufwand ineinandergesteckt werden konnten.

Im Folgenden soll auf das Trag- und Verformungsverhalten der unterschiedlichen Reihen näher eingegangen werden.

6.4.1 Tragfähigkeit des Nebenträgers (Reihe 1)

Als Bruchursache wurde bei allen Versuchen der Reihe 1.1.1, 1.1.2 und 1.1.3 durchweg ein Längsaufspalten des Nebenträgers (s. *Bild 6-3*), beginnend im Bereich der Zapfenausklinkung, festgestellt. An den Hauptträgern waren teilweise erhebliche Querdruckdeformationen im unteren Teil der Zapfenanschlüsse zu beobachten, deren Ausmaß mit Reduzierung der Ausklinkungshöhe k zunahm. Bei Versuchen der Reihe 1.2 trat teilweise kein Aufspalten des Nebenträgers auf, da große Verformungen durch Querdruckpressungen im Hauptträger und Ausreißen des Zapfens für das Versuchsende ausschlaggebend waren. Zusätzlich waren plastische Deformationen im Bereich der „Stufen" zu beobachten, die sowohl aus Querdruck-, Rollschub-, aber auch Querzugspannungen resultierten (s. *Bild 6-6*).

Bild 6-6   Plastische Deformation im Verbindungsbereich
(links und Mitte: Reihe 1.2; rechts: Reihe 1.1.1)

6.4.2 Tragfähigkeit des Hauptträgers (Reihe 2)

Durch die verbindungsnahe Krafteinleitung und die gewählte Auflagerung der Reihe 2 wurde durchweg ein Aufreißen des Hauptträgers, beginnend im unteren Bereich des Zapfenanschlusses, infolge einer Querzugbelastung beobachtet. Lediglich in Reihe 2.1.3 wurden so große Verformungen erzielt, dass ein Querzugversagen ausblieb (s. *Bild 6-7*). Rissbildungen, wie z. B. in *Bild 6-8*, während der Belastung konnten Lastabfälle verursachen, die in den meisten Fällen aber darauf folgende Laststeigerungen zuließen. An den Hauptträgern waren neben den Querzugrissen aus der Querkraftbelastung auch ein Aufreißen am Zapfenloch aufgrund von Kräften in Richtung der Nebenträgerachse zu beobachten, welches auch ein Zapfenversagen zur Folge hatte (s. *Bild 6-7*).

Bild 6-7   *Große Verformungen ohne Aufreißen des Hauptträgers (Reihe 2.1.3)*

Bild 6-8   Querzugversagen des Hauptträgers

6.5   Ergebnisse

Das Last-Verschiebungsverhalten der geprüften Verbindungen ist aus den Diagrammen nach *Bild 11-12* bis *Bild 11-18* ersichtlich. Dabei sind beide Anschlüsse der Versuchsreihe 1 aufgetragen; die Graphen der Versuche sind auf der Abszisse versetzt dargestellt.

In der *Tabelle 6-3* und *Tabelle 6-4* sind die erreichten Lasten der Einzel-prüfzylinder, die dazugehörigen vertikalen Verschiebungswerte an den Verbindungen und eine Auswertung des Verschiebungsmoduls k_s in Anlehnung an DIN EN 26891 zusammengestellt. Die angegebenen Werte sind Mittelwerte aller geprüften Verbindungen innerhalb einer Versuchsreihe. Die Tragfähigkeiten und Verschiebungen der einzelnen Versuche sind der *Tabelle 11-7* bis *Tabelle 11-13* zu entnehmen.

Im Vergleich mit früheren, bisher üblichen Verbindungen, zeigen die mit mehreren Stufen modifizierten Zapfen keine signifikante Tragfähigkeits-zunahme oder Steifigkeitsgewinn. Da die Vorteile der Verbindung durch die ersten Versuche mit gestuften Schwalbenschwanz-Zapfen-

Verbindungen nicht offensichtlich zu erkennen sind, werden im Rahmen dieses Forschungsvorhabens keine weiteren Betrachtungen angestellt. Da manche Versuchsreihen höhere Tragfähigkeitswerte und ein gutmütiges Versagen lieferten, besteht weiterer Forschungsbedarf, um die Vorteile eines gestuften Zapfens genauer zu untersuchen.

Tabelle 6-3   Ergebnisse Reihe 1

Reihe		F_{max}	$F_{max,1}$	F_{max15}	v_{fmax}	v_{fmax1}	v_{04}	v_{01}	k_s
		in kN	in kN	in kN	in mm	in mm	in mm	in mm	in kN/mm
1.1.1	Min	28,97	28,97	27,47	8,67	8,64	1,58	0,45	3,50
	$\bar{x}$	33,36	33,07	30,48	17,67	16,84	2,44	0,62	6,78
	Max	40,31	40,31	33,42	32,39	32,22	4,73	0,88	9,30
	s	3,69	3,69	2,02	6,44	6,37	0,96	0,13	1,85
1.1.2	Min	15,78	15,78	26,21	2,18	2,14	1,05	0,33	5,17
	$\bar{x}$	22,55	21,37	26,21	7,65	6,87	1,46	0,44	8,06
	Max	27,87	27,87	26,21	17,33	17,32	2,23	0,60	10,90
	s	4,31	4,24	-	3,80	3,99	0,38	0,07	1,97
1.1.3	Min	10,31	7,97	-	2,41	1,76	0,95	0,27	3,16
	$\bar{x}$	15,88	12,48	-	3,96	2,65	1,22	0,33	5,32
	Max	19,08	14,97	-	5,07	4,11	1,77	0,48	7,72
	s	3,00	2,73	-	0,83	0,67	0,23	0,06	1,26
1.2	Min	49,82	49,82	40,53	14,46	10,56	1,01	0,26	6,50
	$\bar{x}$	54,64	51,86	47,02	22,44	19,92	1,80	0,48	10,44
	Max	68,41	53,14	58,88	43,05	32,36	2,72	0,88	15,23
	s	6,58	1,38	5,14	8,66	6,34	0,47	0,17	2,41

Min: Minimalwert $\bar{x}$: Mittelwert
Max: Maximalwert   s: Standardabweichung

Tabelle 6-4   Ergebnisse Reihe 2

Reihe		F_{max}	$F_{max,1}$	F_{max15}	v_{fmax}	v_{fmax1}	v_{04}	v_{01}	k_s
		in kN	in kN	in kN	in mm	in mm	in mm	in mm	in kN/mm
2.1.1	Min	21,79	20,10	20,86	4,04	1,64	0,66	0,22	9,74
	$\overline{x}$	25,24	21,55	23,98	12,53	3,26	0,79	0,29	12,17
	Max	29,06	23,43	29,06	17,63	5,57	1,02	0,41	14,39
	s	3,03	1,40	3,10	6,71	1,55	0,17	0,08	2,19
2.1.2	Min	27,38	27,38	27,38	9,55	8,62	0,86	0,29	10,62
	$\overline{x}$	33,48	31,39	32,63	13,29	9,39	1,08	0,37	12,94
	Max	35,93	34,12	35,30	19,02	10,46	1,29	0,49	15,83
	s	3,48	2,78	3,06	4,44	0,68	0,20	0,08	2,26
2.1.3	Min	38,60	37,34	32,04	-	14,40	1,47	0,31	6,42
	$\overline{x}$	39,97	38,01	34,38	-	16,68	1,84	0,50	9,36
	Max	41,23	38,72	37,60	-	17,52	2,36	0,72	11,93
	s	1,28	0,62	2,11	-	1,29	0,34	0,15	1,98

Min: Minimalwert $\overline{x}$: Mittelwert
Max: Maximalwert   s: Standardabweichung

7 Ausziehwiderstand von Schrauben aus Hybrid-BSH

7.1 Allgemeines

Im Rahmen dieses Forschungsvorhabens werden für den Zugdiagonalenanschluss primär Gewindestangen der Firma SFS intec AG untersucht, da diese in Längen bis 3000 mm erhältlich sind und eine hohe Stahltragfähigkeit aufweisen (siehe *Tabelle 3-1*). In Kapitel 3 ist das Tragverhalten von in die Querlage von Brettsperrholz eingedrehten Gewindestangen erläutert und ausführlich ausgewertet worden. Ein Anschluss dieser Brettsperrholz-Zugdiagonalen an einen Fachwerkgurt erfordert eine Verankerung im Gurtbauteil um die Zugkräfte aufnehmen zu können. In früheren Versuchen an der Versuchsanstalt für Stahl, Holz und Steine wurde der Ausziehwiderstand der Gewindestangen mit den Durchmessern 16 mm und 20 mm ermittelt. Dazu wurde Brettschichtholz der Holzart Fichte (picea abies) verwendet.

Durch den Einsatz von Hybrid-Brettschichtholz mit Randlamellen aus Buchenholz und Kernlamellen aus Nadelholz für die Fachwerkträgergurte ist eine genauere Untersuchung des Ausziehwiderstandes erforderlich. Die axiale Tragfähigkeit einer Verbindung ist von der Zugtragfähigkeit der Gewindestange und von der Verankerung des Gewindes im Holz abhängig. Im Rahmen dieses Vorhabens war nur ein begrenzter Versuchsumfang möglich. Die Ergebnisse sollen somit eine Tendenz und das Potential der Verbindung aufzeigen. Für den baupraktischen Einsatz besteht weiterer Untersuchungsbedarf.

7.2 Versuchsprogramm

Zur Bestimmung der Ausziehtragfähigkeit von rechtwinklig zur Faser in Hybrid-Brettschichtholz eingedrehten Gewindestangen (Durchmesser 16 mm und 20 mm) wurden die Verbindungsmittel in Achsrichtung bis zum Versagen belastet. Dazu wurde der Prüfkörper in eine Universalprüfmaschine, wie aus *Bild 7-1* ersichtlich, eingespannt und mit einer konstanten Belastungsgeschwindigkeit von 4 mm/min beansprucht. Dabei wurde mit Hilfe von induktiven Wegaufnehmern die Verformung der Gewindestange in Bezug auf die Bauteilmitte gemessen. Eine Betrachtung der Verformung am beanspruchten (oben) und unbeanspruchten (unten) Ende ermöglicht eine getrennte Beurteilung der Verbindungssteifigkeit. Zusätzlich zu den Prüfungen der Hybrid-Querschnitte wurde getrennt die Ausziehtragfähigkeit der Randlamelle und der Kernlamelle betrachtet. Durch den sehr begrenzten Umfang der Versuche sind lediglich eine Tendenz der Tragfähigkeit und eine grobe Abschätzung des Tragverhaltens feststellbar. Das Versuchsprogramm ist der *Tabelle 7-1* zu entnehmen. Analog zu der Herstellung der Ausziehprüfkörper in Kapitel 3 wurde das Holz mit dem Kerndurchmesser der Gewindestange zuzüglich einem Millimeter vorgebohrt.

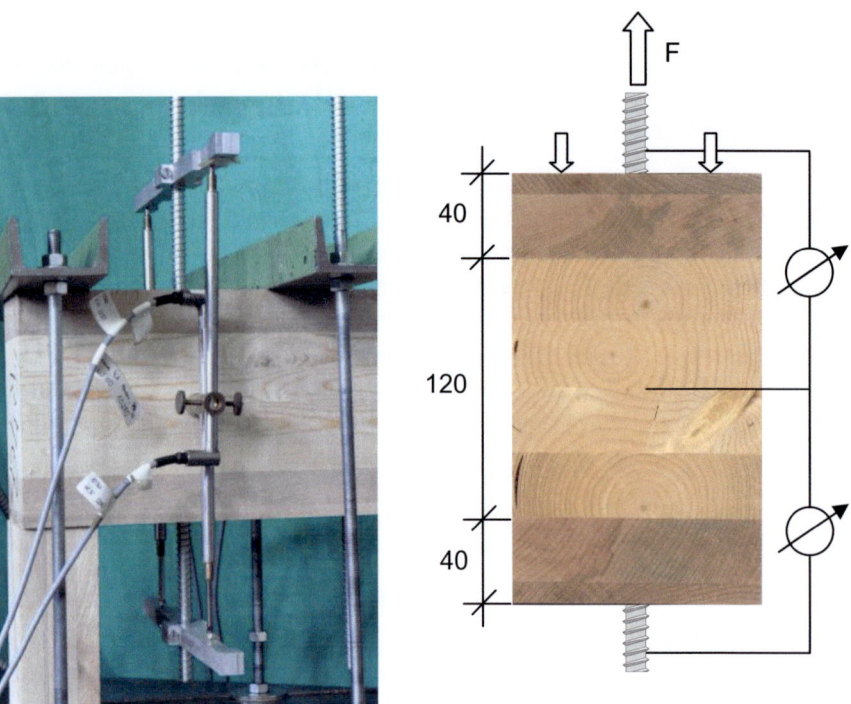

Bild 7-1   Versuchsaufbau - Bestimmung der Ausziehtragfähigkeit

Tabelle 7-1   Versuchsprogramm

Reihe	Material	Durchmesser d in mm	Einschraublänge l_s in mm	Anzahl
1	Buche	16	40	10
2	Buche	20	40	7
3	Fichte	16	120	5
4	Fichte	20	120	3
5	Hybrid	16	200	5
6	Hybrid	20	200	5

7.3   Versuchsergebnisse

Die Ausziehversuche wurden in Anlehnung an DIN EN 1382 ausgewertet. Die verwendeten Versuchskörper bestehen aus Hybrid-Brettschichtholz der Festigkeitsklasse GL28hyb und sind aus zwei 40 mm dicken Buchenrandlamellen und einer 120 mm dicken Nadelbrettschichtholzschicht aufgebaut. Um die anteiligen Kraftkomponenten des Gesamtausziehwiderstandes auf die verschiedenen Schichten des Hybrid-Brettschichtholzbauteils überprüfen zu können, wurden zusätzlich Versuche mit 40 mm dicken Buchenlamellen und 120 mm dickem Nadelbrettschichtholz durchgeführt. Mit dieser getrennten Betrachtung ist es möglich, ein erstelltes FE-Modell zu validieren.

Die Ergebnisse der durchgeführten Versuche sind in *Tabelle 7-2* angegeben. Der Ausziehparameter f_1 wurde auf eine Bezugsrohdichte von 380 kg/m³ für Nadelholz bzw. 650 kg/m³ für Buchenholz linear korrigiert. Die mittlere Holzfeuchte der Versuchskörper lag zwischen 11,3 und 11,9%. Der Aufbau des Hybrid-Brettschichtholzes ist dem *Bild 7-1* zu entnehmen.

Tabelle 7-2   Ergebnisse der Ausziehtragfähigkeit

Reihe	Material	d in mm	l_s in mm	F_{max} in kN	f_1 in N/mm²	$f_{1,corr}$ in N/mm²	Anzahl
1	Buche	16	40	$\bar{x} = 22,8$ $s = 1,11$	$\bar{x} = 35,7$ $s = 1,7$	$\bar{x} = 30,8$	10
2	Buche	20	40	$\bar{x} = 20,9$ $s = 2,4$	$\bar{x} = 26,1$ $s = 3,0$	$\bar{x} = 23,7$	7
3	Fichte	16	120	$\bar{x} = 25,8$ $s = 3,2$	$\bar{x} = 13,4$ $s = 1,7$	$\bar{x} = 11,4$	5
4	Fichte	20	120	$\bar{x} = 44,8$ $s = 3,1$	$\bar{x} = 18,7$ $s = 1,3$	$\bar{x} = 15,1$	3
5	Hybrid	16	200	$\bar{x} = 75,6$ $s = 3,3$	$\bar{x} = 23,6$ $s = 1,0$	-	5
6	Hybrid	20	200	$\bar{x} = 97,1$ $s = 6,6$	$\bar{x} = 24,3$ $s = 1,7$	-	5

$\bar{x}$ = Mittelwert   s = Standardabweichung

Frühere Untersuchungen mit Gewindestangen der Firma SFS intec AG ergaben einen Ausziehparameter f_1 von 12 N/mm² ($f_{1,corr}$ = 10,7 N/mm²) für die Gewindestange mit dem Außendurchmesser Ø 20 mm und f_1 = 11,7 N/mm² ($f_{1,corr}$ = 10,5 N/mm²) für den Gewindeaußendurchmesser Ø 16 mm. Des Weiteren ergibt sich aus Reihe 1 ein höherer Ausziehwiderstand F_{ax} als in Reihe 2, obwohl z.B. die aktuelle Bemessungsnorm DIN 1052 von einer linearen Zunahme des Ausziehwiderstands bei größer werdendem Durchmesser ausgeht.

Der hohe Ausziehwiderstand der Buchenlamellen (s. Reihe 1 und 2) erklärt die deutliche Steigerung des Ausziehparameters von herkömmlichem Brettschichtholz gegenüber dem Hybrid-Bettschichtholz. Eine Gegenüberstellung der Last-Verschiebungskurven aus früheren Untersuchungen mit Nadelbrettschichtholz mit den ermittelten Kurven der

Hybrid-Bauteile ist in *Bild 7-2* dargestellt. Da das Verhältnis der Querschnittsanteile von Buche zu Fichte nur 2/3 beträgt, scheint die Verdopplung der Tragfähigkeit sehr hoch zu sein. Aufgrund einer sehr begrenzten Prüfkörperanzahl, ist dieses Ergebnis nicht repräsentativ und bildet lediglich einen kleinen Teil der Grundgesamtheit ab.

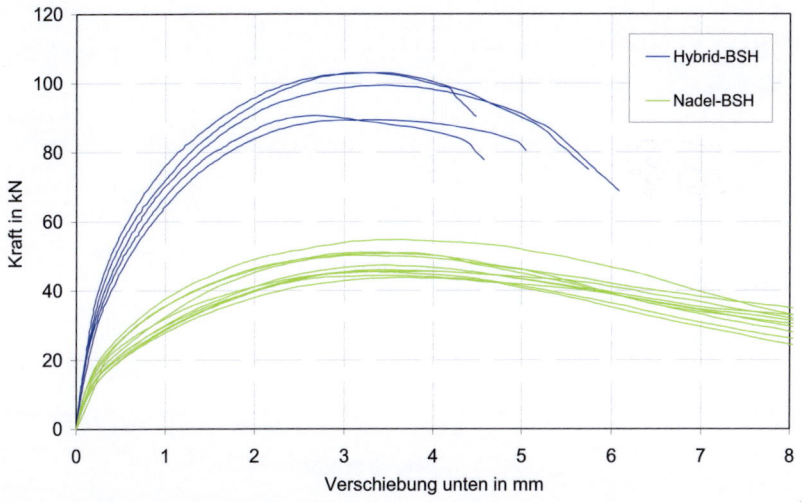

Bild 7-2   *Kraft-Verformungsdiagramm (l_s = 200 mm und d = 20 mm)*

7.4   FE-Modell

Mit Hilfe des FE-Programms ANSYS wurde ein Modell entwickelt (s. *Bild 7-4*), welches das axiale Tragverhalten von Gewindestangen in Hybrid-Brettschichtholz abbilden soll. Das Holzbauteil wurde mit Hilfe von dreidimensionalen Solid185-Elementen modelliert. Die Gewindestange wurde mit Beam23-Elementen gebildet, dessen Durchmesser durch den Kerndurchmesser der Gewindestange definiert wurde. Jedes Beam23-Element wurde durch zwei Knoten begrenzt. Diese Knoten wurden durch Combin39-Federelemente mit den angrenzenden Holzelementen gekoppelt. Diese nichtlinearen Federn besitzen einen Freiheitsgrad in y

Richtung und weisen somit in Längsachse des Verbindungsmittels ein nachgiebiges Verhalten auf. Die nichtlineare Kraft-Verformungs-Beziehung (Materialeigenschaft) der Federelemente wurde durch die in Versuchen (Reihe 1 bis 4) ermittelten Werte als „Real Constants" definiert. Die Last-Verformungskurven der Reihe 5 mit den Ergebnissen aus der FE-Berechnung sind in *Bild 7-3* dargestellt.

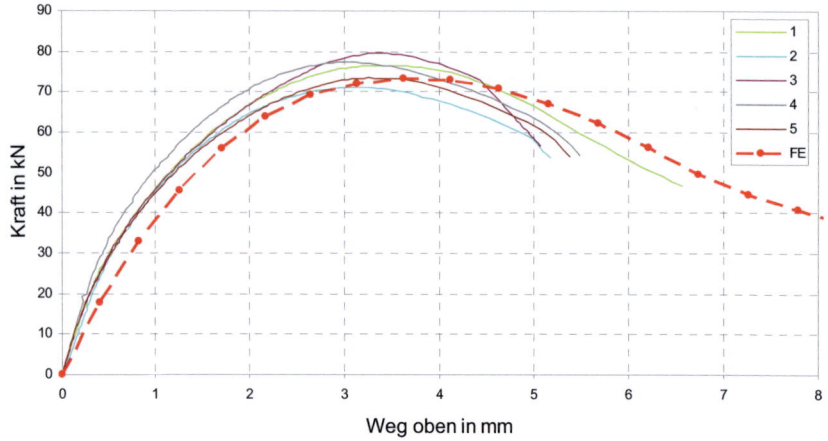

Bild 7-3   *Vergleich der Versuchsergebnisse mit dem FE-Modell ($l_s = 200$ mm und d = 16 mm)*

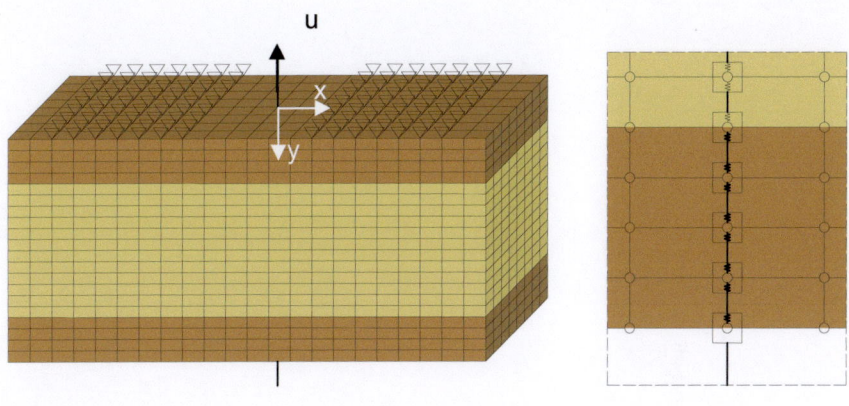

Bild 7-4   *Finite-Elemente-Modell zur Ermittlung des Ausziehwiderstands*

8 Versatzanschlüsse

8.1 Allgemeines

Ein wesentlicher Bestandteil des Entwicklungsvorhabens war die Entwicklung von effizienten Verbindungen im Knotenbereich von Fachwerkträgern. Mit Hilfe einer formschlüssigen zimmermannsmäßigen Verbindung soll der Anschluss einer Druckdiagonale an einen durchlaufenden Gurt realisiert werden. Wie in Kapitel 6 dargestellt, eignet sich ein gestufter Schwalbenschwanzanschluss nur bedingt um größere Kräfte zu übertragen und eine steife Verbindung zwischen zwei Bauteilen zu bilden. Da diese Ergebnisse nicht die gewünschte Effizienz zeigten, wurde nach einer Alternative gesucht. Ein modifizierter Versatz scheint eine viel versprechende Möglichkeit zu sein, sowohl hohe Druckkräfte, als auch hohe Schubkräfte zu übertragen. Dazu wurden Versätze mit einem Stirn- und mehreren Fersenversätzen und einer sehr geringen Einschnitttiefe genauer betrachtet (s. *Bild 8-1*). Die Versatztiefe $t_v = 10$ mm soll den Gurtquerschnitt nur in geringem Maße schwächen und somit z. B. eine hohe Zugtragfähigkeit im Untergurt erhalten bleiben.

Bild 8-1   Treppenversatz

Die modifizierte Versatzform wird hier „Treppenversatz" genannt. Die bisher gängigen Versatzverbindungen im Ingenieurholzbau sind der Stirn- und der Fersenversatz. Eine Kombination (doppelter Versatz) wird ebenfalls bei Druckanschlüssen unter einem Winkel von ca. 30° bis 60° in Betracht gezogen. Eine schematische Darstellung dieser Verbindungen ist in *Bild 8-2* dargestellt.

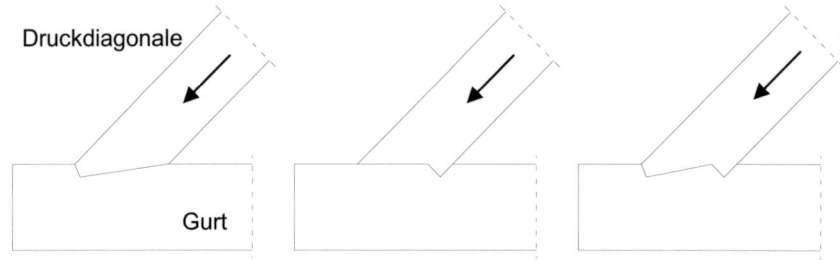

Bild 8-2   Stirnversatz, Fersenversatz, Doppelter Versatz

Versatzverbindungen werden seit Jahrhunderten in Holztragwerken verwendet und sind aus historischen Fachwerkhäusern und Sparrenanschlüssen bekannt. Obwohl die Vorteile dieser Verbindung schon lange offensichtlich sind, hat sich der Anschluss auf maximal zwei Versätze pro Verbindung beschränkt. Für eine formschlüssige Verbindung ist eine passgenaue Herstellung unabdingbar. Dröge und Stoy (1981) haben diese Problematik wie folgt beschrieben: „Mit Rücksicht auf die erforderliche große Arbeitsgenauigkeit ist der doppelte Versatz nur bedingt und der dreifache nicht zu empfehlen. Bei ungenauer Ausführung klafft allerdings eine der beiden Kontaktflächen, und infolge der unplanmäßigen Kraftübertragungen treten erhebliche Überbeanspruchungen auf". Da in heutiger Zeit die Qualität der Versatzanschlüsse nicht mehr vom handwerklichen Geschick des Zimmermanns abhängig ist, sondern durch hochmoderne CNC-gesteuerte Abbundmaschinen gewährleistet wird, sind auch geometrisch komplexe Kontaktverbindungen wieder wirtschaftlich. Bisherige Untersuchungen und Dokumentationen befassten sich mit dem Tragverhalten des Stirn- bzw. Fersenversatzes, ein mehrfacher Versatz wurde erwähnt, aber als nicht relevant betrachtet: „Nur drei- und mehrfache Versatze werden ihrer Unzuverlässigkeit wegen kaum mehr ausgeführt. – Seinem Wesen nach stellt der Versatz eine Verzahnung dar." (Troche, 1951). Die schon von Troche (1951) erwähnte Verzahnung soll in dem hier untersuchten Treppenversatz genutzt werden und eine formschlüssige, tragfähige und steife Verbindung ermöglichen. In der Vergangenheit wurde das Tragverhalten von einfachen Versatzverbindungen mit Nadelvollholz zu Genüge untersucht. Basierend auf experimentellen Untersuchungen stellten Heimeshoff und Köhler (1989) Gleichungen auf, um die Tragfähigkeit eines rechtwinkligen Stirnversatzes zu bemessen. Die aktuelle Bemessungsnorm für den Ingenieurholzbau (DIN 1052) gibt Formeln an, um die Tragfähigkeit von Versätzen (Stirnversatz, Fersenversatz und Doppelter Versatz) zu ermitteln. Görlacher und Kromer (1991) zeigen Möglichkeiten auf, die nach DIN 1052 scheinbar nicht ausreichend dimensionierten Versatzverbindungen trotzdem als „tragfähig" anzusehen. Dies ist im Einzelfall bei genauerer Betrachtung der Anschlussstelle möglich und somit ein wichtiger Beitrag zur Erhaltung von historischen Holzkonstruktionen.

Es lagen keine Ergebnisse von experimentellen Untersuchungen vor, welche sich mit dem Tragverhalten von Brettschichtholz in Versatzanschlüssen befasst haben, insbesondere nicht mit dem Versagen von Treppenversätzen. Somit konnte auch nicht auf Tragfähigkeits- und Steifigkeitswerte einzelner Versätze zurückgegriffen werden, was eine Untersuchung der herkömmlichen Geometrie erforderte, um diese mit dem Treppenversatz direkt vergleichen zu können. Des Weiteren wurde der Einsatz von Hybrid-Brettschichtholz im Gurtbereich in Betracht gezogen und ebenso untersucht. Die in diesem Kapitel dargestellten Ergebnisse wurden innerhalb einer Diplomarbeit (Streib, 2011) an der Versuchsanstalt für Stahl, Holz und Steine erarbeitet.

8.2   Treppenversatz

8.2.1 Geometrie

Die nicht befriedigenden Ergebnisse der Versuche mit gestuften Schwalbenschwanzverbindungen erforderten eine Alternative für den Druckanschluss in Fachwerkträgern. Die hohen Tragfähigkeiten und Steifigkeiten von Versatzanschlüssen waren Grund genug, diese genauer zu betrachten. Eine Modifikation der bestehenden Versatzgeometrie scheint sinnvoll, um die Querschnitte möglichst effizient zu nutzen. Durch den Einsatz eines Treppenversatzes soll die vollständige Strebenhöhe h_{Strebe} zur Kraftübertragung genutzt werden. Die Verzahnung zwischen Strebe und Gurtbauteil wird über mehrere Fersenversätze erreicht. Mit abnehmender Einschnitttiefe und kleiner werdendem Anschlusswinkel α nimmt die mögliche Fersenanzahl zu. Die schematische Darstellung eines Treppenversatzes ist in *Bild 8-3* dargestellt.

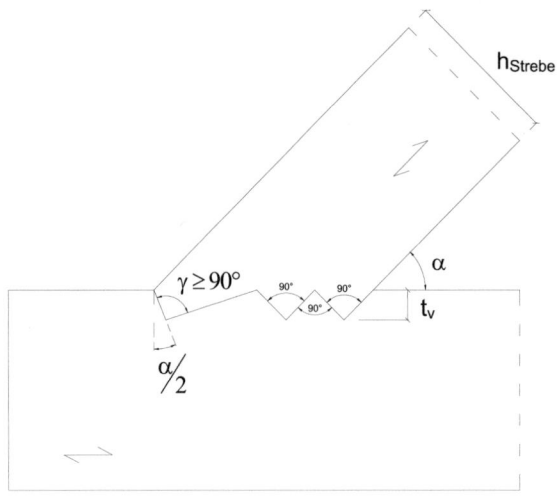

Bild 8-3   *Geometrie und Bemaßung eines Treppenversatzes*

Der Treppenversatz wird durch eine geringe Einschnitttiefe und möglichst viele Fersenversätze charakterisiert. Die maximale Fersenanzahl ist von der Strebenhöhe h_{Strebe}, der Einschnitttiefe t_v und vom Strebenanschlusswinkel α abhängig und kann mit der folgenden Gleichung ermittelt werden:

$$n_{max} = \frac{(h_{Strebe} - 2 \cdot t_v) \cdot \cos \alpha}{t_v} \qquad (8\text{-}1)$$

In *Tabelle 8-1* ist beispielhaft für einen Anschlusswinkel $\alpha = 45°$ die maximale Fersenanzahl angegeben. Die abgerundete Zahl gibt die Anzahl der Fersen in einem Treppenversatz an.

Tabelle 8-1   *Maximale Fersenanzahl n_{max} nach Gleichung (8-1) für $\alpha = 45°$; Längenangaben in mm*

h_{Strebe} / t_v	100	120	140	160	180	200	240	280	320	360	400
5	12,7	15,6	18,4	21,2	24,0	26,9	32,5	38,2	43,8	49,5	55,2
10	5,7	7,1	8,5	9,9	11,3	12,7	15,6	18,4	21,2	24,0	26,9
15	3,3	4,2	5,2	6,1	7,1	8,0	9,9	11,8	13,7	15,6	17,4
20	2,1	2,8	3,5	4,2	4,9	5,7	7,1	8,5	9,9	11,3	12,7
25	1,4	2,0	2,5	3,1	3,7	4,2	5,4	6,5	7,6	8,8	9,9

Dröge und Stoy (1981) geben in ihrer Arbeit Empfehlungen für die Ausbildung von Stirnversätzen an. Diese Vorschläge sollen im Folgenden berücksichtigt werden, um unerwünschte Versagensmechanismen zu vermeiden. Ein kleiner Kraft-Faser-Winkel ist für eine hohe Druckfestigkeit maßgebend. Somit ist nahe liegend, dass der Winkel zwischen der Stirn und dem Gurtquerschnitt die Hälfte des Anschlusswinkels α sein muss, um den gleichen Kraft-Faser-Winkel im Gurtbauteil und in der Strebe zu erzielen (vgl. *Bild 8-3*). Des Weiteren soll der Winkel γ nicht kleiner als 90° sein, um eine Keilwirkung und die damit auftretende Querzugbeanspruchung im Vorholz zu vermeiden. Die Fersenflächen stehen immer im 90°-Winkel zueinander und sind somit für den CNC-gesteuerten Abbund geeignet. Im Gegensatz zum Stirnversatz kann beim Fersenversatz nicht der gleiche Kraft-Faser-Winkel in Strebe und Gurt erreicht werden, da dadurch ein Querzugriss im Übergang der Fersen provoziert werden würde. Auch beim Schwinden könnte dies zum Aufspalten führen (Gattnar und Trysna, 1961). Üblicherweise wird beim doppelten Versatz eine um 10 mm größere Einschnitttiefe t_v beim Fersenversatz gewählt, damit sich die Scherflächen nicht überlagern. Diese Empfehlung wird beim Treppenversatz nicht berücksichtigt.

8.2.2 Tragfähigkeit eines Treppenversatzes

Der Bemessungswert der Tragfähigkeit eines Stirn-, Fersen und doppelten Versatzes wird nach DIN 1052 bestimmt. Die angegebenen Gleichungen sind ebenfalls in der einschlägigen Fachliteratur (z.B. Dröge und Stoy (1981)) angegeben und ermöglichen eine Abschätzung der Tragfähigkeiten von Versatzverbindungen. Die Tragfähigkeit R ist abhängig von der Größe der Druckflächen, der vom Kraft-Faser-Winkel abhängigen Druckfestigkeit und von der vorhandenen Scherfläche. Die Druckfestigkeit unter einem Winkel α' wird in der DIN 1052, Kapitel 15.1 mit Hilfe der folgenden Gleichung bestimmt:

$$f_{c,\alpha',d} = \frac{f_{c,0,d}}{\sqrt{\left(\frac{f_{c,0,d}}{2 \cdot f_{c,90,d}} \cdot \sin^2\alpha'\right)^2 + \left(\frac{f_{c,0,d}}{2 \cdot f_{v,d}} \cdot \sin\alpha' \cdot \cos\alpha'\right)^2 + \cos^4\alpha'}} \qquad (8\text{-}2)$$

Die Gesamttragfähigkeit eines doppelten Versatzes setzt sich aus der Tragfähigkeit des Stirnversatzes und des Fersenversatzes zusammen (s. Gleichung (8-3)).

$$R = R_{Stim} + R_{Ferse} \qquad (8-3)$$

mit

$$R_{Stim} = \frac{f_{c,\alpha',d} \cdot b \cdot t_v}{\cos^2 \alpha'} \qquad (8-4)$$

und

$$R_{Ferse} = \frac{f_{c,\alpha',d} \cdot b \cdot t_v}{\cos \alpha'} \qquad (8-5)$$

Da neben einem Druckversagen auch ein Scherversagen auftreten kann, muss die vorhandene Vorholzlänge überprüft werden. Bei ausreichend großer Vorholzlänge ist kein Scherversagen zu erwarten. Selbst bei mehreren Fersenversätzen und dadurch kleinen Scherflächen zwischen den einzelnen Fersen ist ein Scherversagen unter stumpfen Winkeln nicht zu erwarten. Der positive Einfluss aus einer Querdruckbelastung auf die Schubfestigkeit in Faserrichtung wurde u. a. von Spengler (1982) bestätigt. Für eine erste Abschätzung der zu erwartenden Versagenslasten kann die Gleichung (8-3) für einen Treppenversatz erweitert werden zu:

$$R = R_{Stim} + n \cdot R_{Ferse} \qquad (8-6)$$

8.3 Experimentelle Untersuchung

Im Rahmen dieses Forschungsvorhabens sind zehn verschiedene Versuchskonfigurationen vorgesehen. Ein Versuchskörper besteht aus einem Gurtbauteil und einer Strebe, welche nur über Kontakt „verbunden" sind, wodurch nur Druckkräfte in Strebenrichtung aufgebracht werden können. In existierenden Bauwerken wird die Lagesicherung z. B. durch Vollgewindeschrauben sichergestellt. Die zimmermannsmäßige Verbindung wird in heutiger Zeit mit Abbundmaschinen hergestellt und ermöglicht somit eine wirtschaftliche und präzise Herstellung. Für die Streben und den Gurt wurde Brettschichtholz der Festigkeitsklasse GL28h verwendet. Alternativ wurde Hybrid-Brettschichtholz im Gurtbereich untersucht.

Bild 8-4   *Abgebundene Nadelholz-Strebe   (oben) und Buchenholz-*
              Gurtlamelle (unten)

8.3.1 Versuchsprogramm

Die Durchführung der Versuche mit einer modifizierten Versatzgeometrie soll Aufschluss darüber geben, ob der Treppenversatz eine Alternative zu herkömmlichen Versatzformen darstellt. Dabei werden die Tragfähigkeit und die Steifigkeit der Verbindung untersucht und miteinander verglichen. Ein besonderes Augenmerk liegt auf der geringen Einschnitttiefe und der damit verbundenen Verzahnung durch mehrere Fersenversätze. Das gesamte Versuchsprogramm ist in *Tabelle 8-2* dargestellt und umfasst zehn Reihen mit je fünf bis sechs Einzelversuche. Die ersten Reihen befassen sich mit der Tragfähigkeit bekannter Versatzformen (Stirn-, Fersen- und doppelter Versatz). Diese werden ebenfalls untersucht, da keine Werte für Versätze aus Brettschichtholz vorliegen. Die Einschnitttiefe t_v = 30 mm ist ein gängiges Maß und ist somit dreimal so groß wie die Einschnitttiefe des Treppenversatzes.

Tabelle 8-2   Versuchsprogramm (Prüfkörpertiefe = 120 mm)

Reihe	Bauteil	Material	Höhe in mm	α in °	t_v in mm	Anzahl Fersen
1	Strebe	GL28h	160	45	30	0
	Gurt	GL28h	200			
2	Strebe	GL28h	160	45	30	1
	Gurt	GL28h	200			
3	Strebe	GL28h	160	45	30	2
	Gurt	GL28h	200			
4	Strebe	GL28h	160	45	10	9
	Gurt	GL28h	200			
5	Strebe	GL28h	100	45	10	5
	Gurt	GL28h	200			
6	Strebe	GL28h	160	45	10	3
	Gurt	GL28h	200			
7	Strebe	GL28h	160	45	10	9
	Gurt	GL28hybrid	320			
8	Strebe	GL28h	160	45	10	9
	Gurt	GL28h	320			
9	Strebe	GL28h	160	35	10	11
	Gurt	GL28h	320			
10	Strebe	GL28h	160	55	10	8
	Gurt	GL28h	320			

Bis auf Reihe 6 wird die nach Gleichung (8-1) berechnete maximale Anzahl an Fersenversätzen gewählt. Eine deutliche Tragfähigkeitssteigerung soll durch den Einsatz von Buchenrandlamellen im Gurtbauteil erzielt werden, dazu werden Hybrid-Brettschichtholzträger verwendet. Die zur Reihe 4 identische Reihe 8 soll mit einer vereinfachten Versuchskonfiguration geprüft werden, um zu überprüfen, ob ein Versuchsaufbau mit geringem Arbeitsaufwand gleiche Ergebnisse liefern kann (s. Kapitel 8.3.5). Des Weiteren wird die Höhe der Strebe und der Anschlusswinkel bei gleich bleibender Breite der Prüfkörper variiert.

8.3.2 Versuchsdurchführung

Für die Prüfung der Versatzverbindungen werden zwei Konfigurationen in Betracht gezogen. Konfiguration 1 wird mit Hilfe eines aus HEM 140-Profilen geschweißten Prüfrahmens geprüft. Die zweite Konfiguration (Reihe 8) untersucht einen vereinfachten Aufbau. Frühere Forschungsvorhaben (Heimeshoff und Köhler (1989) und Görlacher und Kromer (1991)) haben gezeigt, dass eine Versatzprüfung analog zur Versuchskonfiguration 1 als bewährt angesehen werden kann. Nach dem Vergleich der Reihe 4 und 8 soll entschieden werden, nach welcher Konfiguration die restlichen Versuchsreihen geprüft werden. Die Verbindungen werden in Anlehnung an DIN EN bis zum Versagen geprüft. Dazu wird eine Universalprüfmaschine mit einer Maximallast von 400 kN genutzt. Das Prüfverfahren wird eigentlich auf Versuche von Verbindungen mit stiftförmigen Verbindungsmitteln angewandt, findet aber auch in Kontaktanschlüssen Verwendung.

* Konfiguration 1

In *Bild 8-5* ist sowohl der komplette Versuchsaufbau, als auch eine schematische Darstellung abgebildet. Das Gurtholz wird auf ein um 45° geneigtes Stahlprofil gelegt und mit Stahllaschen und Vollgewindeschrauben am oberen Ende gehalten. Um Reibeinflüsse auszuschließen wird zwischen Holz und Stahl eine Teflonschicht angeordnet. Die Strebe wird auf das Gurtholz gestellt und über die Prüfmaschine vertikal beansprucht. Eine Kalotte soll mögliche Schiefstellungen ausgleichen. Der Stahlrahmen ist mit der Unterkonstruktion der Prüfmaschine verbunden.

 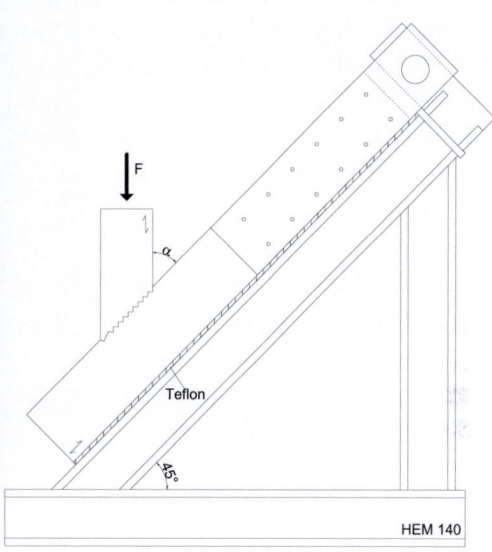

Bild 8-5   *Versuchskonfiguration 1*

- Konfiguration 2

Für die vereinfachte Versuchskonfiguration 2 wird keine Stahlkonstruktion benötigt, da das Gurtholz direkt auf dem ebenen Boden aufgestellt wird. Dazu wird das Bauteil, wie in *Bild 8-6* dargestellt, so zugeschnitten, dass die Strebe weiterhin vertikal ausgerichtet ist und durch den Druckstempel belastet werden kann. Ein winkelunabhängiges Prüfen von Versätzen wird somit ermöglicht und senkt den Arbeitsaufwand erheblich, da die Schrauben zur Verankerung nicht eingebracht werden müssen. Zusätzlich wird ein kürzeres Gurtholz benötigt, da der Prüfkörper nicht rückverankert werden muss.

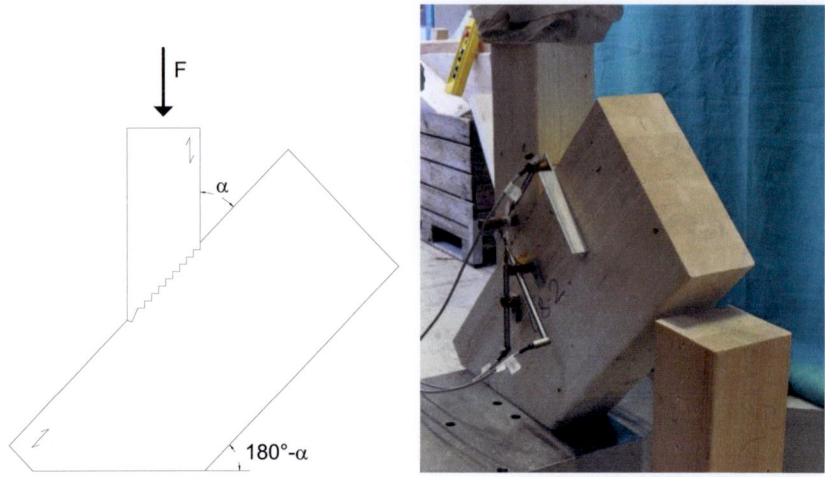

Bild 8-6   Versuchskonfiguration 2

Um die Verschiebungen der Verbindung während der Versuchsdurchführung zu messen, wurden vorne und hinten jeweils drei induktive
Wegaufnehmer angebracht. Somit konnten Verschiebungen der Strebe
in drei Richtungen gemessen werden. Die Anordnung der Wegaufnehmer und die Definition der Prüfkörperseiten sind in *Bild 8-7*
angegeben. Alle Wegaufnehmer greifen am gleichen Bezugspunkt der
Strebe an und messen die lokalen Verschiebungen (rechtwinklig, parallel
und unter einem Winkel von 45° zur Gurtachse) bis zur Mittelachse des
Gurtbauteils. Abweichend davon befindet sich die Gurtbezugsebene der
Wegaufnehmer 1 und 2 der Versuchsreihe 8 10 cm unterhalb der
Gurtoberkante. Die Anordnung der Wegaufnehmer erfolgt in Anlehnung
an die von Görlacher und Kromer (1991) gewählte Anordnung.

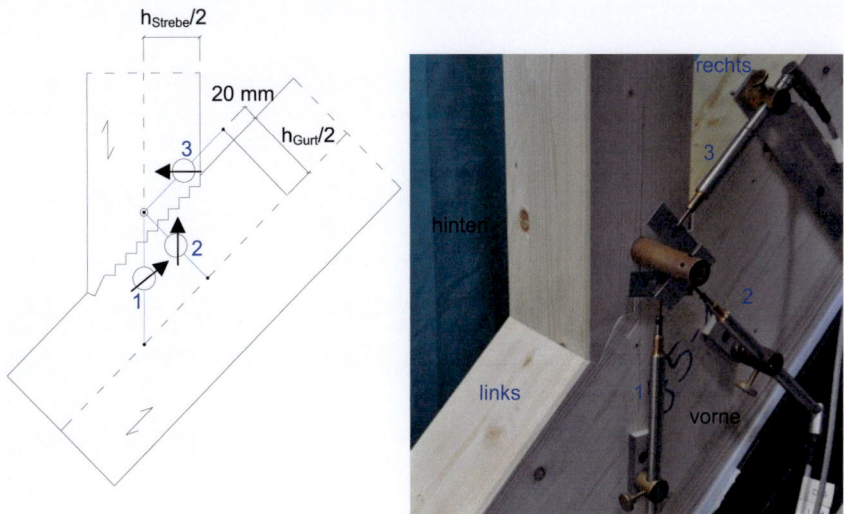

Bild 8-7   Wegaufnehmeranordnung

8.3.3 Versagensformen

Durch die große Anzahl verschiedener Prüfkörpergeometrien sind unterschiedliche Versagensformen bei Belastung der zimmermannsmäßigen Verbindung zu beobachten. In der nachfolgenden *Tabelle 8-3* sind die wesentlichen Versagensmerkmale der einzelnen Versuchsreihen dargestellt und durch ein repräsentatives Bild veranschaulicht. Trotz der Herstellung mit CNC-gesteuerten Abbundmaschinen sind gelegentlich Passungenauigkeiten der Verbindungsstücke festzustellen. Dadurch ist ein nichtlinearer Bereich („Schlupf") der Belastungskurve im Kraft-Verschiebungsdiagramm zu erkennen. Dieser wird hervorgerufen, da sich offene Fugen bei Belastung erst schließen müssen, bevor sich eine Kraftübertragung über sämtliche Druckflächen einstellen kann. Des Weiteren sind kleinere Absplitterungen der Kanten im Gurtbauteil aus Nadelholz zu beobachten. Eine offensichtliche Tragfähigkeitsminderung tritt dadurch allerdings nicht auf.

Tabelle 8-3 Tabellarische Darstellung der Versagensbilder (Reihe 1 bis 10)

	Bemerkung	Versagensbild
1	- Versagen (lokales Ausknicken der Fasern) bei Druckbeanspruchung unter einem Winkel α in der Strebe und im Gurt	
2	- Druckversagen des Stirnversatzes (vgl. Reihe 1) - Querzugriss in der Strebe zw. Fersen- und Stirnversatz - Faserparalleler Riss im Gurt rechts* im Abstand t_v von der Oberkante	
3	- Querzugriss in der Strebe zw. Fersen- und Stirnversatz - Ausbeulen/Querdehnung des Gurtes direkt unter dem Versatz - Faserparalleler Riss im Gurt rechts* und links* im Abstand t_v von der Oberkante	

4	- Querzugriss in Strebe aufgrund der Querdehnung des Gurtes - Querzugriss in der Strebe zw. Fersen- und Stirnversatz - Fersenversätze teilweise abge-schert - Ausbeulen/Querdehnung des Gurtes direkt unter dem Versatz - Faserparalleler Riss im Gurt rechts* und links* im Abstand t_v von der Oberkante	
5	- analog zu Reihe 4	
6	- Querzugriss in der Strebe zw. Fersen- und Stirnversatz - Ausgeprägtes Druckversagen des Stirnversatzes - Fersenversätze z. T. komplett abgeschert - Große Verschiebungen der Strebe nach links	

7	- Querzugriss in der Strebe zw. Fersen- und Stirnversatz - Druckversagen der Stirn - Längsrisse rechts der letzten Ferse im Gurtholz - Querdruckversagen (Ausbeulen) der Fichtenlamellen unterhalb des Versatzes bis hin zum linken Trägerrand - Querzugriss am rechten Trägerrand	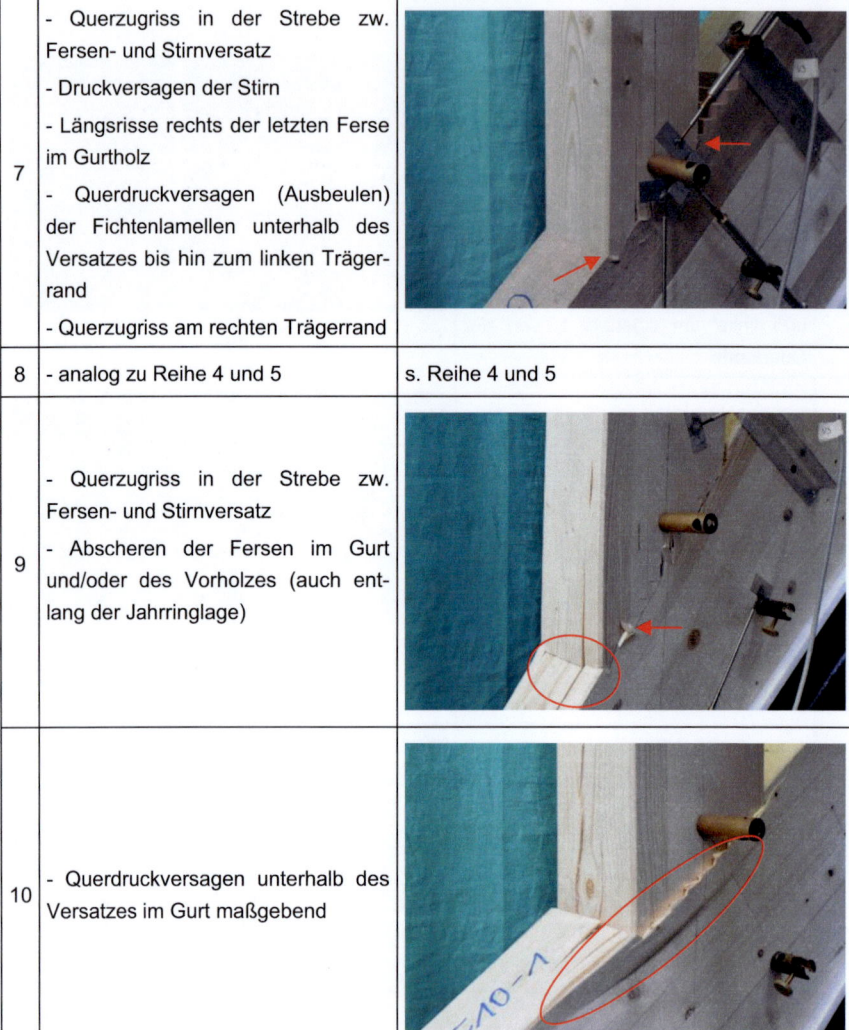
8	- analog zu Reihe 4 und 5	s. Reihe 4 und 5
9	- Querzugriss in der Strebe zw. Fersen- und Stirnversatz - Abscheren der Fersen im Gurt und/oder des Vorholzes (auch entlang der Jahrringlage)	
10	- Querdruckversagen unterhalb des Versatzes im Gurt maßgebend	

* nach Definition in Bild 8-7

8.3.4 Versuchsergebnisse

Die Auswertung der Versuchsergebnisse erfolgt in Anlehnung an DIN EN 26891. Die angegebenen Verschiebungen beziehen sich auf die in Strebenrichtung gemittelten Verschiebungen (Wegaufnehmer 1). In *Bild 8-8* werden typische Kraft-Verschiebungskurven der unterschiedlichen Versuchsreihen dargestellt, welche das Verhalten der Verbindung widerspiegeln. Es wird deutlich, dass neben stark schwankenden Höchstlasten auch deutlich unterschiedliche Verformungen beim Bruch beobachtet werden.

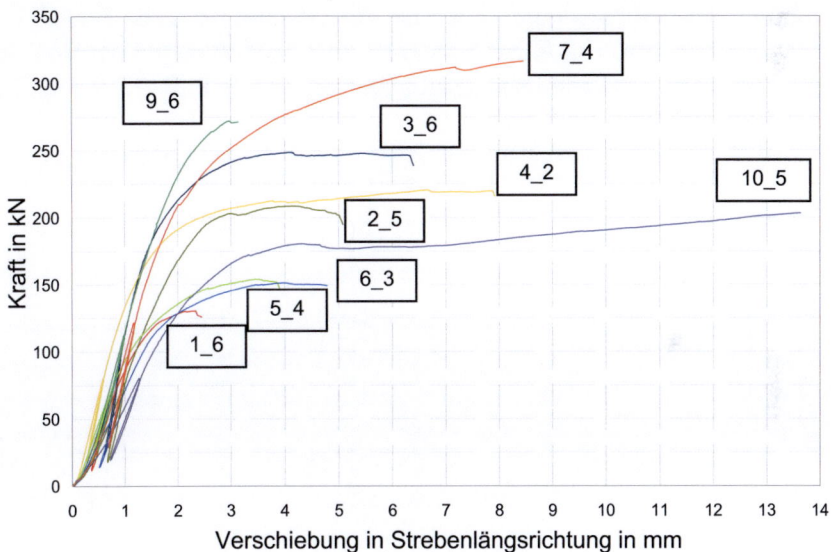

Bild 8-8   Vergleich Kraft-Verschiebungskurven

Die gemittelten Versuchsergebnisse sind in *Tabelle 8-4* dargestellt. Neben der Maximalkraft F_{max} ist auch die Kraft F(1,5 mm) bei einer Verschiebung von 1,5 mm angegeben. Da die Maximallast bei einer Verschiebung von 15 mm oder durch einen Lastabfall gekennzeichnet ist, können sehr große Verformungen auftreten, bevor eventuell ein sprödes

Versagen eintritt. Gerade bei stumpfen Winkeln ist ein Querdruckversagen im Gurtbereich charakteristisch, wobei deutliche Schädigungen und Verschiebungen der Verbindung offensichtlich sind. Als zusätzliches Auswertungskriterium wird somit eine Verschiebung in Strebenrichtung von 1,5 mm gewählt, welches die Vergleichbarkeit der Versuchsreihen verbessert und zusätzlich einen sinnvollen Grenzwert zur Wahrung der Gebrauchstauglichkeit bei Kontaktverbindungen darstellt. Die Auswertung „ohne Schlupf" erfolgt im Bereich der Wiederbelastung und soll ein anfängliches nichtlineares Verformungsverhalten aufgrund Passungenauigkeiten der Verbindung eliminieren. Die ausführlichen Ergebnisse der Einzelversuche sind in *Tabelle 11-20* bis *Tabelle 11-29* dargestellt. Neben der Rohdichte wurde auch die Holzfeuchte für jedes Bauteil ermittelt und ebenfalls im Anhang angegeben. Die Streuungen der Höchstlasten und der ermittelten Verschiebungsmoduln sind in *Bild 8-9* und *Bild 8-10* veranschaulicht.

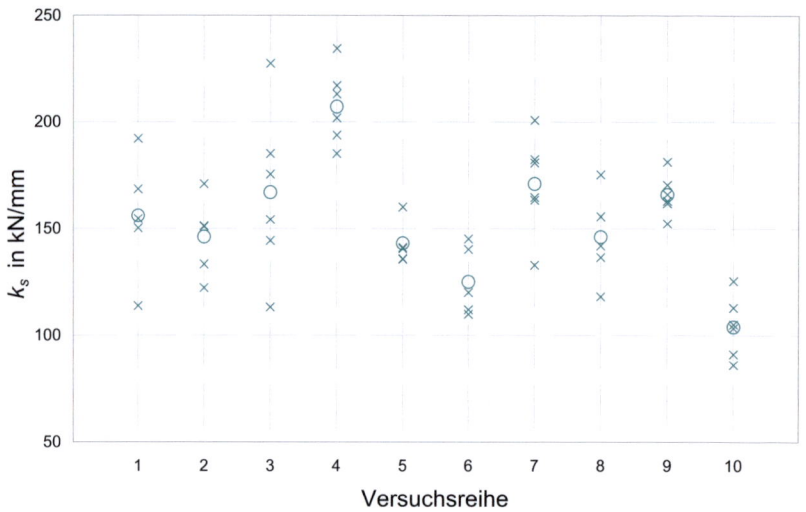

Bild 8-9   *Einzel- und Mittelwerte der Verschiebungsmoduln k_s*

Tabelle 8-4   Versuchsergebnisse (Mittelwerte der Versuchsreihen)

Reihe	Bauteil	Material	h in mm	α in °	t_v in mm	n	F_{max} in kN	$F(1,5\,mm)$ in kN Schlupf	$F(1,5\,mm)$ in kN o. Schlupf	$v(F_{max})$ in mm	k_s in kN/mm Schlupf	k_s in kN/mm o. Schlupf
1	Strebe	GL28h	160	45	30	0	128	109	120	2,53	100	156
	Gurt	GL28h	200									
2	Strebe	GL28h	160	45	30	1	209	102	165	4,19	73	146
	Gurt	GL28h	200									
3	Strebe	GL28h	160	45	30	2	246	148	184	4,05	105	167
	Gurt	GL28h	200									
4	Strebe	GL28h	160	45	10	9	216	178	187	5,12	167	207
	Gurt	GL28h	200									
5	Strebe	GL28h	100	45	10	5	158	120	128	5,08	110	143
	Gurt	GL28h	200									
6	Strebe	GL28h	160	45	10	3	154	105	118	4,08	80	125
	Gurt	GL28h	200									
7	Strebe	GL28h	100	45	10	5	310	169	201	8,43	137	171
	Gurt	GL28hyb	320									
8	Strebe	GL28h	160	45	10	9	212	113	169	6,75	84	146
	Gurt	GL28h	320									
9	Strebe	GL28h	160	35	10	11	266	164	206	3,81	135	166
	Gurt	GL28h	320									
10	Strebe	GL28h	160	55	10	8	203	90	131	12,48	70	104
	Gurt	GL28h	320									

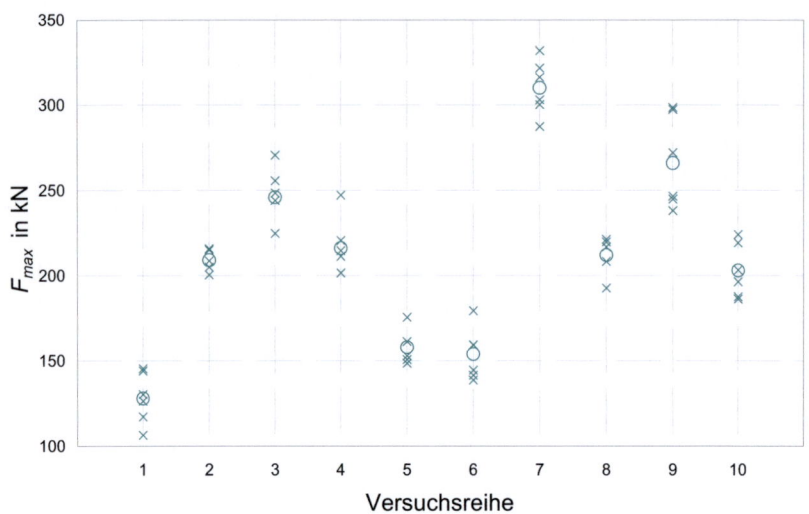

Bild 8-10   Einzel- und Mittelwerte der Höchstlasten F_{max}

8.3.5 Vergleich der Versuchsergebnisse

Aus *Bild 8-8* wird deutlich, dass sich die Versagensmechanismen der untersuchten Versatzgeometrien deutlich unterscheiden und die gemittelten Höchstlasten zwischen 128 kN und 310 kN liegen. Im Folgenden sollen die wichtigsten Erkenntnisse der vergleichenden Versuche kurz erläutert werden und durch repräsentative Last-Verschiebungskurven veranschaulicht werden.

- Vergleich Stirn-, doppelter und Treppenversatz

Ziel dieser Untersuchung war die Beurteilung der Tragfähigkeit eines Treppenversatzes gegenüber der von herkömmlich verwendeten Versätzen. Der Vergleich der Reihen 1, 2 und 4 gibt Aufschluss über das Potential des Treppenversatzes. F_{max} des Treppenversatzes ist ca. 70% höher als F_{max} des Stirnversatzes. Die maximal aufnehmbare Last des doppelten Versatzes entspricht ungefähr der des

Treppenversatzes. Zu betonen ist, dass beim Treppenversatz lediglich ein Drittel der Einschnitttiefe zur Verfügung steht. Der nahezu
perfekte Abbund der Versuchskörper aus Reihe 4 ermöglicht eine
passgenaue Verbindung und zusätzlich hohe Steifigkeitswerte (vgl.
Bild 8-11). Je mehr Fersen eine Verbindung aufweist, umso deutli-
cher sind ein Querdruckversagen und damit verbundene Verformungen zu beobachten. Dieser duktile Versagensmechanismus ermöglicht vor dem Erreichen der Maximallast deutlich größere Verschiebungen in Strebenrichtung als Stirnversätze.

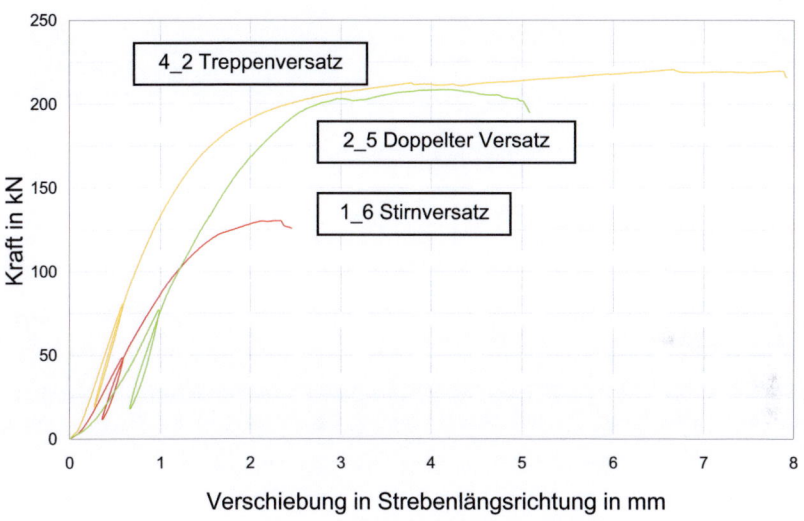

Bild 8-11   *Vergleich Stirn-, doppelter und Treppenversatz*

- Vergleich Nadel-BSH und Hybrid-BSH

Der Einsatz von Buchenlamellen im Randbereich des Gurtbauteils
beeinflusst die maximale Beanspruchbarkeit der Verbindung deutlich. Die mittlere Tragfähigkeit der Reihe 5 beträgt 158 kN und die
der Reihe 7 310 kN. Demnach ergibt sich durch die Verwendung von
Hybrid-Brettschichtholz anstelle von homogenem Brettschichtholz

aus Nadelholz nahezu eine Verdopplung der Tragfähigkeit. Auch die Kraft F(1,5 mm) liegt ca. 60% höher. *Bild 8-12* zeigt einen Anfangsschlupf des Versuchs 7_4, welcher einem nicht perfekten Abbund geschuldet ist. Eine allgemein gültige Aussage, dass Hybrid-BSH die doppelte Tragfähigkeit besitzt, kann an dieser Stelle nicht getroffen werden. Der Vergleich zweier Versuchsreihen hat allerdings bestätigt, dass eine deutliche Tragfähigkeitssteigerung und eine erhöhte Steifigkeit erzielt werden kann.

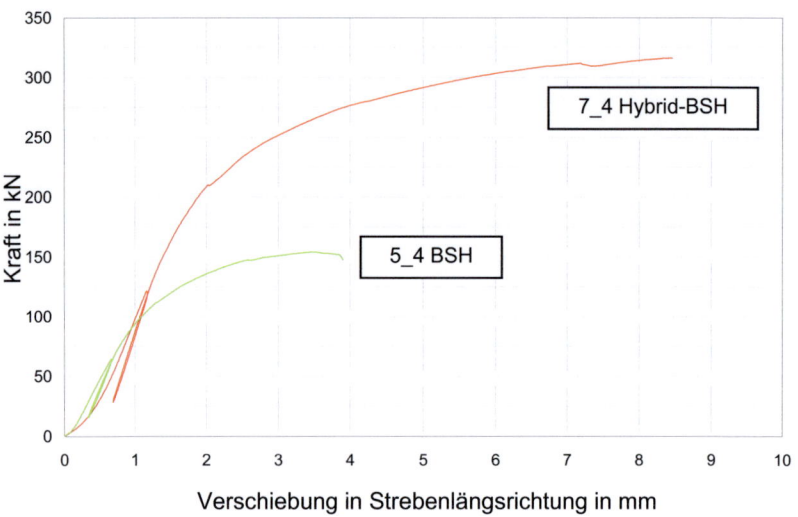

Bild 8-12   Vergleich BSH und Hybrid-BSH

- Vergleich Anschlusswinkel

Die Last-Verschiebungskurven der Versuche 4_2, 9_6 und 10_5 (vgl. *Bild 8-13*) zeigen die Abhängigkeit des Tragverhaltens vom Strebenanschlusswinkel. Ein spitzer Winkel ermöglicht deutlich höhere Traglasten, birgt aber die Gefahr des Sprödbruchversagens durch Abscheren. Im Gegensatz dazu sind große Verschiebungen bei stumpfen Winkeln (Reihe 10_5) zu beobachten. Das duktile Verhalten lässt große Verformungen zu, ist jedoch frühzeitig durch ein Querdruckversagen gekennzeichnet.

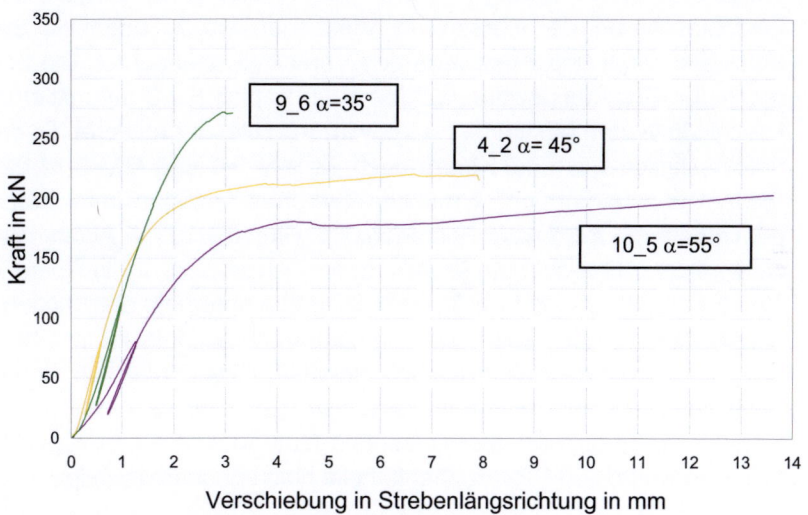

Bild 8-13   Vergleich Anschlusswinkel

- Vergleich Versuchskonfiguration 1 und 2

Der Vergleich von Reihe 4 und Reihe 8 zeigt ähnliche Höchstlasten. Sie unterscheiden sich jedoch in den Verläufen der Kraft-Verschiebungskurven und somit im Verschiebungsmodul k_s. Grund dafür ist ein Verschieben bzw. Abheben des Gurtbauteils bei Konfiguration 2 während der Prüfung. Somit wirkt die gesamte Konstruktion weicher und eine Schiefstellung der Strebe ist zu beobachten. Durch die veränderte Krafteinleitung sind die Ergebnisse der Reihe 8 wenig aussagekräftig und wurden in der Auswertung nicht weiter untersucht.

- Vergleich Schätzlast und Versuchslast

In *Tabelle 8-5* sind die berechneten Tragfähigkeiten F_{est} für ein Druckversagen unter einem Winkel α' und ein kombiniertes Versagen unter Berücksichtigung eines Scherversagens angegeben. Die ermittelten Werte berücksichtigen das rechnerisch maßgebende Einzelabscheren der Fersen. In Versuchen wurde ebenfalls ein Blockabscheren und Abscheren des Vorholzes beobachtet. Die berechneten Erwartungswerte wurden nach Kapitel 8.2.2 mit mittleren Festigkeitswerten bestimmt. $F_{est,c,90}$ wird mit Hilfe der mittleren Querdruckfestigkeit $f_{c,90} = 4,6$ N/mm² nach *Tabelle 9-1* und *Bild 8-14* berechnet und berücksichtigt nur ein Querdruckversagen beim Treppenversatz mit maximaler Fersenanzahl. Hierzu wird die Aufstandsfläche links und rechts um jeweils 30 mm vergrößert. Da in Reihe 7 ein Querdruckversagen der Nadelholzlamelle unterhalb der Buchenholzlamelle auftreten kann, wird die Querdrucktragfähigkeit im Übergang vom Buchen- zum Nadelholz ermittelt. Hierzu wird von einem Lastausbreitungswinkel von 45° ausgegangen, welcher eine zusätzliche Vergrößerung der anzusetzenden Querdruckfläche ermöglicht. Der Biegewiderstand der Buchenlamelle bleibt unberücksichtigt.

Tabelle 8-5   Vergleich der Schätzlasten mit den Versuchsergebnissen

Reihe	1	2	3	4	5	7	6	9	10
$F_{est,\alpha'}$ (Druck unter α')	112	188	265	267	165	-	114	344	245
$F_{est,\,\alpha',v}$ (Druck unter α'; Scherversagen berücksichtigt)	-	-	252	234	148	-	106	253	-
$F_{est,c,90}$ (Querdruck)	-	-	-	223	157	251	-	326	172*
$F_{Versuch}$	128	209	249	216	158	310	154	266	203

*Entspricht der Kraft beim ersten Lastabfall bei ca. $F_1 = 175$ kN; danach ist eine Laststeigerung möglich, da die Holzfaser zusammengedrückt sind

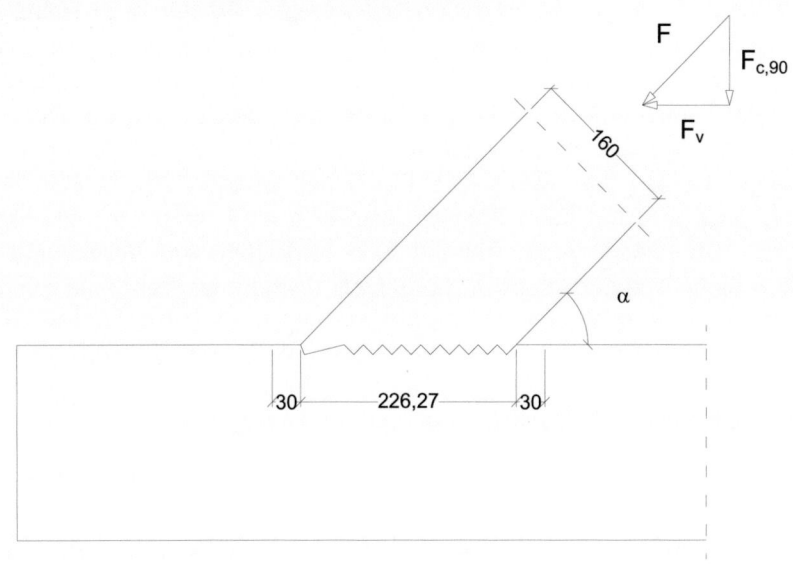

Bild 8-14   Querdruckbetrachtung; Längenangaben in mm

8.4 Zusammenfassung

Die Auswertung der Versuchsdaten zeigt, dass die Herstellung und der Einsatz eines Treppenversatzes als Kontaktanschluss realisierbar ist und gegenüber dem Stirnversatz eine Tragfähigkeitssteigerung von 70% liefert, obwohl nur ein Drittel der Einschnitttiefe zur Verfügung steht. Die sehr steife Kontaktverbindung kann hohe Druckkräfte aus einer Diagonalen in den Gurt leiten und bildet eine Alternative zu stiftförmigen Verbindungsmitteln in Fachwerkträgern. Neben höheren Traglasten können auch größere Verschiebungen von der Verbindung aufgenommen werden, was ein duktiles Versagen zur Folge hat. Durch die Verwendung von Buchenrandlamellen im Gurtbauteil konnte die Tragfähigkeit gegenüber homogenem BSH verdoppelt werden. Randlamellen aus Buche bieten somit eine effiziente Verstärkung des Treppenversatzes. Passungenauigkeiten wirken sich stark auf die Steifigkeit der Verbindung aus. Allerdings ist diese Beobachtung bei wenigen Fersen (z.B. Reihe 3) ausgeprägter als bei einer Verbindung mit kleiner Einschnitttiefe und der maximalen Fersenanzahl. Am häufigsten wurde ein Querdruckversagen im Gurt beobachtet (s. *Bild 8-15*). Durch die Querdehnung der Randlamelle konnten Querzugrisse parallel zur Trägerebene in der Strebe beobachtet werden (vgl. *Bild 8-15*). Ein Scherversagen, wie in *Bild 8-16* dargestellt, trat nur beim Anschlusswinkel $\alpha = 35°$ vermehrt auf. Kann durch den passgenauen Abbund eine formschlüssige Verbindung in Form eines Treppenversatzes hergestellt werden, so steht eine ausreichend gute Verzahnung zur Verfügung, welche bei Anschlusswinkeln $\geq 45°$ und beim Erreichen der Maximallast ein Querdruckversagen hervorruft. Ein Querdruckversagen der Nadelholzlamellen im Hybrid-BSH (vgl. *Bild 9-1*) wird in Kapitel 9 genauer untersucht.

Ausblickend könnte ein Treppenversatz, nur bestehend aus Fersenversätzen, eine mögliche Modifikation darstellen, welche noch experimentell untersucht werden müsste. Der Verwendung steht bei einer Lagesicherung durch z. B. Vollgewindeschrauben nichts im Wege und würde den Abbund erleichtern. Eine signifikante Traglastminderung gegenüber einem Treppenversatz mit einem Stirnversatz und mehreren Fersenversätzen, wie in *Bild 8-14* schematisch dargestellt, ist nicht zu erwarten.

Bild 8-15   Querdruckversagen Reihe 10 mit α = 55°

Bild 8-16   Scherversagen Reihe 9 mit α = 35°

9 Querdruck Hybrid-Brettschichtholz

9.1 Allgemeines

Die Untersuchungen von Versätzen mit Hybrid-Brettschichtholz in Kapitel 8 haben gezeigt, dass neben dem Versagen der eigentlichen Verbindung auch ein Querdruckversagen im Gurt auftreten kann. Dieses Versagen wird durch große Querverformungen im Nadelholzbereich und durch Querzugrisse in Trägermitte deutlich (s. *Bild 9-1*). Große Verschiebungen in Strebenrichtung ziehen ein gutmütiges, duktiles Versagen nach sich, die Steifigkeit der eigentlichen Verbindung leidet jedoch unter der niedrigen Festigkeit bzw. dem Elastizitätsmodul quer zur Faser.

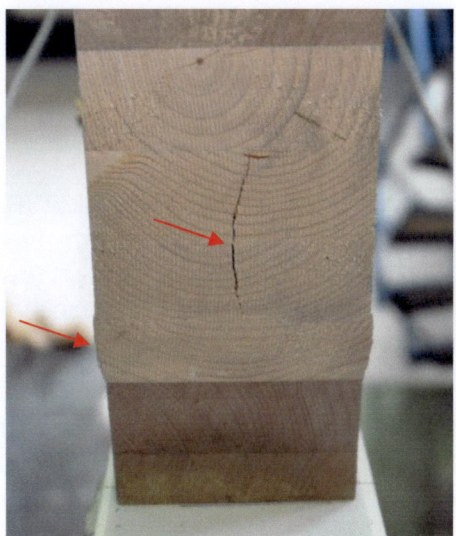

Bild 9-1   *Querdruckversagen Versatzprüfkörper (Reihe 7)*

Nach Görlacher (2004) ist ein Querdruckversagen in den meisten Fällen kein Tragfähigkeitsproblem, da bei Auflager- oder Schwellendruck kein unmittelbares Versagen eintritt, sondern sich ein duktiles Verhalten im Versagenszustand einstellt, was meist keinen Lastabfall zur Folge hat. Gemittelte Querdruckfestigkeiten für Voll- und Brettschichtholz liegen nach Damkilde et al. (1998) zwischen 2 und 4 N/mm². Der mittlere Elastizitätsmodul quer zur Faser wird mit etwa 300 N/mm² angegeben. Die Druckfestigkeit von Buchenholz ist ca. dreimal so hoch wie die von Nadelholz. Aus diesem Grund tritt das Querdruckversagen auch immer im Bereich der Nadelholzlamellen auf und nicht direkt unterhalb der Versatzkontaktfläche. Um die Tragfähigkeit und Steifigkeit eines auf Querdruck beanspruchten Hybrid-Brettschichtholzbauteils zu steigern, ist es naheliegend, eine Querdruckverstärkung einzubringen. Bejtka (2005) hat viele Verstärkungsmöglichkeiten von Bauteilen aus Holz mit Vollgewindeschrauben untersucht und Modelle entwickelt, um diese zu bemessen. Diese Erkenntnisse wurden im Rahmen des Forschungsvorhabens „Fachwerkträger" genutzt und orientierende Versuche zur Querdruckverstärkung von Hybrid-Brettschichtholz durchgeführt. Bejtka konnte auf zahlreiche Versuchsergebnisse zurückgreifen und unterscheidet drei Versagensmechanismen, die bei einer mit selbstbohrenden Holzschrauben verstärkten Verbindung bei einer Querdruckbeanspruchung auftreten können:

- Ist die maximale Verankerungstragfähigkeit (F_{ax}) zwischen Gewinde der Schraube und der Holzfasern erreicht, so wird die Schraube ins Holz hineingedrückt. Dies gilt unter der Annahme, dass die Schraube und das Holz zusammen beansprucht werden. Der Versagensfall „Hineindrücken" ist identisch zur Beanspruchung auf Herausziehen eines Verbindungsmittels.

- Bei meist langen und schlanken Schrauben kann es zum Ausknicken der Schraube kommen. Hierbei knicken die Schrauben meist rechtwinklig zur Faser und direkt unterhalb des Schraubenkopfes aus.

- In Höhe der Schraubenspitze überlagern sich die durch Querdruck ins Holz eingeleiteten Kräfte und die von der Schraube aufgenommenen Kräfte und somit kann es in diesem Bereich zu einem Querdruckversagen kommen.

Zahlreiche Untersuchungen haben bestätigt, dass die Tragfähigkeit von Vollgewindeschrauben auf Hineindrücken der Tragfähigkeit auf Herausziehen entspricht, solange ein Ausknicken ausgeschlossen werden kann. Mit Hilfe aktueller nationaler und europäischer Normen kann die Ausziehtragfähigkeit und somit auch die Tragfähigkeit auf Hineindrücken berechnet werden. Die Ausziehtragfähigkeit von unter 90° eingedrehten Holzschrauben wird unter Vernachlässigung der Stahltragfähigkeit nach DIN 1052 ermittelt:

$$R_{ax} = d \cdot l_s \cdot f_1 \qquad (9\text{-}1)$$

Die axiale Ausziehtragfähigkeit ist somit von der Einschraubtiefe l_s, vom Durchmesser d und vom Ausziehparameter f_1 linear abhängig. Der Ausziehparameter wird des Weiteren von der Rohdichte des verwendeten Holzes und von der Tragfähigkeitsklasse des Schraubengewindes beeinflusst. Die im Eurocode 5 angegebenen Bemessungsgleichungen unterscheiden sich geringfügig und berücksichtigen die wirksame Anzahl der eingebrachten Schrauben. Unter der Voraussetzung einer steiferen Verbindung der Gewindestange mit dem Buchenholz als mit dem Nadelholz kann eine qualitative Normalkraftverteilung einer Gewindestange im Hybrid-Brettschichtholz bei Beanspruchung der Gewindestange auf Herausziehen, wie in *Bild 9-2* dargestellt, angenommen werden. Mit zunehmender Einschraubtiefe z nimmt die Belastung der Schraube ab, da diese die Kräfte über die Verankerung des Gewindes mit dem umliegenden Holz an das Brettschichtholz abgibt. Im Bereich der Buchenlamellen (z = 0 mm bis 40 mm und 160 mm bis 200 mm) ist der Verschiebungsmodul deutlich größer als im Bereich der Nadelholzlamellen und somit ist die „Steigung" (vgl. *Bild 9-2*) im oberen und unteren Bereich deutlich größer als im mittleren Querschnittsbereich. Unter Berücksichtigung dieser Überlegungen wurden Querdruckversuche mit und ohne Querdruckverstärkung mit Hilfe von Vollgewindeschrauben geplant und durchgeführt. Allerdings stand nur eine geringe Anzahl von Prüfkörpern zur Verfügung. Somit konnte lediglich eine Tendenz gezeigt bzw. ein erster Eindruck gewonnen werden. Durch die vielversprechenden Ergebnisse empfiehlt es sich, die Thematik der Querdruckverstärkung weiter zu untersuchen.

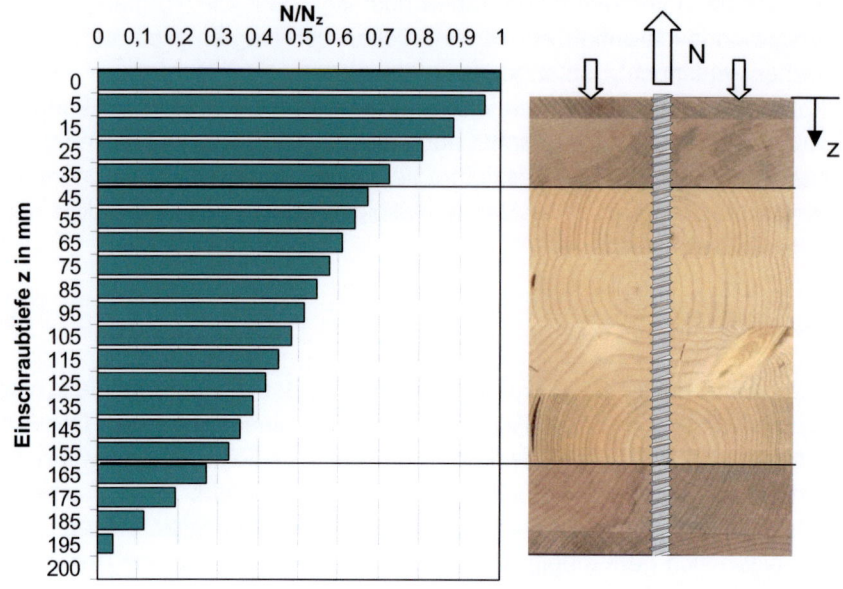

Bild 9-2   Normalkraftverteilung einer Gewindestange im Hybrid-Träger bei Beanspruchung in axialer Richtung

9.2   Querdruckversuche

9.2.1 Versuchsprogramm

Als Prüfmaterial wurden Reste der Hybrid-Gurtbauteile aus den Versatzversuchen verwendet. Dazu wurden zwei 800 mm lange Bauteile in je vier Blöcke gesägt und anschließend jeder zweite Block mit einer Querdruckverstärkung versehen (s. *Bild 9-4*). Dadurch wurde eine vergleichbare Holzqualität von verstärkten und benachbarten, unverstärkten Prüfkörpern erzielt. Die Prüfkörper der Breite b = 200 mm, Höhe h = 205 mm und Tiefe t = 120 mm wurden über die komplette Querschnittsfläche belastet. Die Vollgewindeschrauben (Ø 10 x 200 mm Spax T-STAR mit Cut-Spitze) wurden in 7 mm vorgebohrte Löcher eingebracht und teilweise bis zu ca. 1,8 mm tief versenkt (s. *Bild 9-3*). Es wurde nur eine Schraubenkonfiguration betrachtet. Insgesamt wurden vier Versuchskörper mit und vier Versuche ohne Verstärkung geprüft.

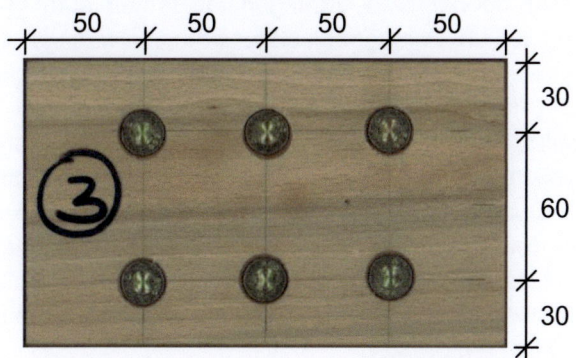

Bild 9-3   *Anordnung der Vollgewindeschrauben (Ø 10 x 200 mm)*

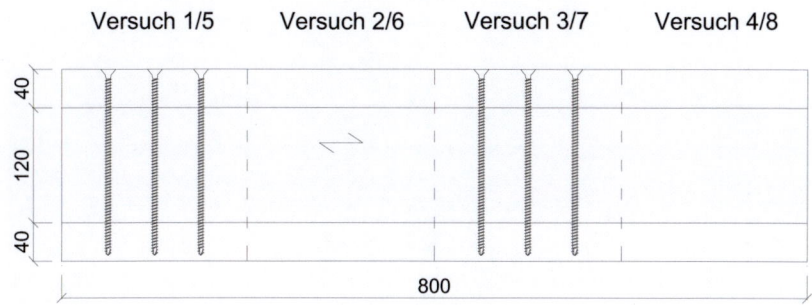

Bild 9-4   *Herstellung von 2 x 4 Querdruckprüfkörpern aus zwei Hybrid-Trägern der Länge L = 800 mm*

9.2.2 Versuchsergebnisse

In *Bild 9-5* sind zwei Prüfkörper während der Querdruckbeanspruchung dargestellt. Das linke Bild zeigt den Prüfkörper mit Querdruckverstärkung. Hier ist die seitliche Ausdehnung des Holzes rechtwinklig zur Faser knapp oberhalb der unteren Buchenlamelle deutlich zu erkennen. Obwohl die Vollgewindeschraube bis nahezu über die komplette Prüfkörperhöhe eingebracht wurde, tritt ein Querdruckversagen im Nadelholz auf. Der hier beobachtete Versagensfall ähnelt dem von Bejtka beschriebenen dritten Versagensmechanismus, allerdings wird die Querdruckfestigkeit oberhalb der Schraubenspitze im Bereich des Fichtenholzes erreicht, da verschiedene Hölzer verwendet wurden. Wie aus *Bild 9-2* ersichtlich, gibt das Verbindungsmittel mit zunehmender Tiefe allmählich Lasten an das Holz ab und die Querdruckspannung steigt somit an. Ist die Querdruckfestigkeit des Holzes erreicht, so kommt es zum Auswölben. Im Gegensatz dazu ist die Querdruckspannung beim Prüfkörper ohne Verstärkung über die Querschnittshöhe konstant. Die seitliche Ausdehnung kann sich somit über die gesamte Höhe einstellen und wird in der Mitte am größten.

Bild 9-5   *Querdruckversagen (links: Versuch 5, mit Verstärkung; rechts: Versuch 4, ohne Verstärkung)*

Die Spannungs-Dehnungskurven der acht Versuche sind in *Bild 9-6* dargestellt. Die Auswertung der Versuchsergebnisse wurde in Anlehnung an DIN EN 408 durchgeführt (s. *Tabelle 9-1*). Die Verschiebungen wurden mit Hilfe von zwei induktiven Wegaufnehmern gemessen. Die Last wurde über eine Stahlplatte eingeleitet. Der Versuchsaufbau und die Verbindungsmittelanordnung ist dem *Bild 9-3*, *Bild 9-4* und *Bild 9-5* zu entnehmen.

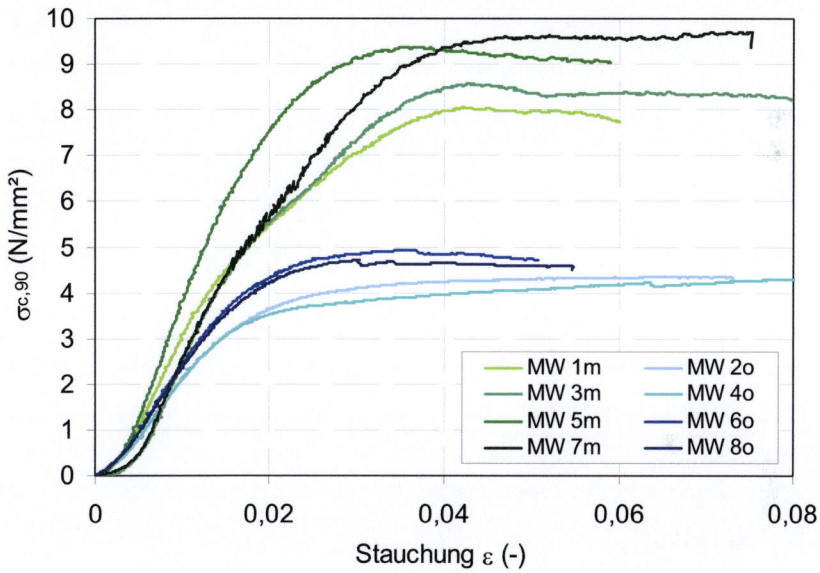

Bild 9-6   Spannung-Dehnungsdiagramm (grün: mit Querdruckverstärkung; blau: ohne Querdruckverstärkung)

Die Betrachtung der Ergebnisse zeigt, dass eine deutliche Tragfähigkeitssteigerung, aber auch eine Steifigkeitserhöhung die Folge einer Querdruckverstärkung ist. Anstatt ca. 100 kN können 200 kN vom verstärkten Brettschichtholz aufgenommen werden. Zusätzlich nimmt die Steifigkeit im Mittel um 65% zu. Das für das Querdruckversagen typische „Fließen" tritt erst bei größeren Stauchungen auf.

Tabelle 9-1   Ergebnisse Querdruckversuche (Absolutwerte und Auswertung nach DIN EN 408)

Versuch	Verstär-kung	Absolutwerte			nach DIN EN 408			
		F_{max} in kN	σ_{max} in N/mm²	v_{max} in mm	F_{max} in kN	σ_{max} in N/mm²	v_{max} in mm	$E_{c,90}$ in N/mm²
1	mit	181,3	8,05	5,07	174,5	7,75	4,41	666,7
3		193,3	8,59	5,14	183,5	8,15	4,24	754,3
5		211,0	9,37	4,25	210,0	9,33	4,15	898,9
7		218,7	9,71	9,03	209,0	9,28	4,72	708,6
2	ohne	98,0	4,35	8,21	94,0	4,17	4,02	423,5
4		96,7	4,29	9,61	86,8	3,86	3,92	420,9
6		111,2	4,94	4,42	110,5	4,91	4,02	511,4
8		106,0	4,71	3,58	105,5	4,69	4,06	479,7
$\bar{x}$	mit	201,1	8,9	5,9	194,3	8,6	4,4	757,1
	ohne	103,0	4,6	6,5	99,2	4,4	4,0	458,9

9.3   Ausblick

Durch das Zusammenwirken von Querdruck des Holzes und Hineindrücken der Vollgewindeschraube werden hohe Traglasten erzielt. Um repräsentative Werte der Querdruckverstärkung zu erhalten, sind weitere Untersuchungen notwendig. Gerade im Auflagerbereich von Fachwerkträgern könnte die Querdruckfestigkeit des Untergurtes eine maßgebende Rolle spielen und eine Verstärkung notwendig erscheinen lassen. Es gibt zahlreiche Querdruckkonfigurationen, die sowohl experimentell, als auch numerisch untersucht werden sollten. Im Rahmen dieses Forschungsvorhabens waren lediglich orientierende Versuche zur Querdruckproblematik, aufbauend auf die Ergebnisse der Versatzversuche, möglich.

10 Zusammenfassung

Im Rahmen dieses Entwicklungsvorhabens sollten die Voraussetzungen zur Realisierung von Fachwerkträgern für den industriellen Holzbau geschaffen werden. Diese Konstruktionen sollen konkurrenzfähig zu herkömmlichen Bauweisen sein und sowohl effiziente, als auch ästhetische Knotenverbindungen bieten, die darüber hinaus eine erhöhte Feuerwiderstandsdauer aufweisen. Die Analyse möglicher Baustoffe und eine Untersuchung bisheriger Fachwerkträgerlösungen bildeten den Ausgangspunkt. Durch Berücksichtigung der Vor- und Nachteile bisher gebauter Fachwerkträger konnte eine deutliche Verbesserung der einzelnen Details erreicht werden. Die ersten Versuche befassten sich mit der Ausbildung der Füllstäbe und der damit verbundenen Modifizierung der Verbindungen in Holzfachwerkträgern. Im Verbindungsbereich der Füllstäbe mit den Gurten soll darauf geachtet werden, dass die Schwächung des Holzquerschnittes möglichst gering gehalten wird und eine steife Verbindung zwischen den Bauteilen hergestellt wird. Durch Versuche wurde gezeigt, dass sich parallel zur Längsachse der Füllstäbe in die vorgebohrte Querlage von Brettsperrholz eingedrehte Gewindestangen ideal dazu eignen und sehr hohe Tragfähigkeiten aufweisen. Es wurde sowohl die charakteristische Ausziehtragfähigkeit von einzelnen Gewindestangen (Außendurchmesser 16 mm und 20 mm) und Gewindestangengruppen, als auch eine Spaltbewehrung berücksichtigt. Durch die Wahl geeigneter Rand- und Verbindungsmittelabstände kann die Schwächung eines Querschnitts durch den Einsatz von Brettsperrholz auf ca. 20% reduziert werden.

Bei den druckübertragenden Füllstäben soll eine formschlüssige, steife und tragfähige Verbindung zum Einsatz kommen. Ursprünglich war geplant, diese Verbindung mit Hilfe von gestuften Schwalbenschwanzverbindungen zu realisieren. Erste Versuche von Haupt-Nebenträgerverbindungen mit modifizierten Schwalbenschwanzverbindungen haben keine signifikanten Tragfähigkeits- und Steifigkeitssteigerungen gegenüber herkömmlichen Schwalbenschwanzverbindungen gezeigt. Auf weiterführende Versuche wurde verzichtet und nach Alternativen gesucht. Am Lehrstuhl für Ingenieurholzbau und Baukonstruktionen (LIB) wurde ein neuer Versatzanschluss entwickelt und zahlreiche Versatzkonfigurationen geprüft. Es konnte gezeigt werden, dass durch den Einsatz eines Treppenversatzes die Einschnitttiefe ohne Tragfähigkeitsverluste minimiert werden kann. Mit Hilfe einer Randlamelle aus Buche im Gurtbauteil wird die Tragfähigkeit der Verbindung deutlich gesteigert. Zur Bestimmung der Tragfähigkeit wurden bekannte Bemessungsgleichungen erweitert und ein Vorschlag der alternativen Bemessung mit Hilfe eines Querdrucknachweises gemacht.

Durch den Einsatz von Hybrid-Brettschichtholz (Randlamellen aus Buchenholz und Kernlamellen aus Nadelholz) als möglicher Holzwerkstoff der Fachwerkträgergurte wurde eine genauere Untersuchung des Ausziehwiderstandes erforderlich. Versuche haben eine deutliche Zunahme der Tragfähigkeit gegenüber Nadelbrettschichtholz gezeigt. Im Rahmen dieser Untersuchungen wurde ein FE-Modell erstellt, welches die Ausziehtragfähigkeit von Gewindestangen mit einem Kraft-Faser-Winkel von 90° simulieren soll. Durch die begrenzte Anzahl der Versuchskörper und aus Zeitgründen konnten keine weiteren Versuche innerhalb dieses Projektes durchgeführt werden. Weiterführende Untersuchungen sind notwendig, welche auch eine Verifizierung des Modells ermöglichen würden.

Durch den Anschluss der Füllstäbe an die Gurte in einem Fachwerkträger wird meist der Querschnitt des Zug- bzw. Druckgurtes geschwächt. Um diese Querschnittsschwächungen genauer beurteilen zu können, wurden sowohl Zug- als auch Druckversuche mit Brettschichtholz parallel zur Holzfaser durchgeführt. Obwohl bei den Druckversuchen die Fehlstellen satt mit einer Gewindestange bzw. Stabdübeln ausgefüllt wurden, wurde eine Traglastminderung festgestellt. Somit weichen diese Beobachtungen von gegenwärtig gültigen Bemessungsregeln ab.

Im Hinblick auf die Zugversuche von Brettschichtholz mit einer Querschnittsschwächung wurden auch stochastische Effekte und der Längeneffekt genauer untersucht. Frühere Untersuchungen am LIB haben gezeigt, dass mit zunehmender Bauteillänge die Zugfestigkeit abnimmt, d.h. bei sehr kurzen Bauteilen kann eine höhere Zugfestigkeit beobachtet werden. Neben einer Hintereinanderschaltung mehrerer Bauteile wurde auch der Längeneffekt auf die Knoten bzw. Knotenzwischenstücke eines ganzen Gurtes berücksichtigt. Durch diese theoretischen Betrachtungen wurde die maßgebende Zugfestigkeit in einem Fachwerkträger mit unterschiedlichen Spannweiten bestimmt.

Mit Hilfe dieser Erkenntnisse wurde ein Fachwerkträger geplant (vgl. *Bild 10-1*), welcher in der Versuchsanstalt für Stahl, Holz und Steine als Abschluss des Projekts geprüft werden soll. Beim Entwurf des Versuchskörpers wurden auch Fragen der Montierbarkeit berücksichtigt. Dieser Prototyp soll das Potential neu entwickelter Verbindungen aufzeigen und gleichzeitig eine Zusammenfassung der Teilbereiche dieses Forschungsvorhabens liefern. Der Zusammenbau und die Prüfung dieses 11 m langen Fachwerkträgers sollen an der Versuchsanstalt für Stahl, Holz und Steine am KIT erfolgen.

Vor 50 Jahren kamen Gattnar und Trysna (1961) zu folgender Erkenntnis: „Die zweckmäßigste und wirtschaftlichste Ausbildung von Knotenpunkten für Fachwerkbinder ist eine der wichtigsten und schwierigsten Aufgaben des Holzbaukonstrukteurs. Sie erfordert viel Erfahrung, Geschick und Sorgfalt, denn von einwandfrei ausgebildeten Knotenpunkten hängt das gute Gelingen eines Bauwerkes wesentlich ab."
Möchte der Ingenieurholzbau konkurrenzfähig zu anderen Baustoffen bleiben, so muss genau dies beachtet und die Vorteile des Werkstoffs Holz sinnvoll genutzt werden.

Bild 10-1   Ausgelegter Fachwerkträger vor dem Zusammenbau

11 Anlagen

11.1 Anlagen zu Kapitel 3

Tabelle 11-1 Maße der Querzugbewehrung in mm

Reihe	b_1	b_2	b_3	c_1	c_2
16_1	20	10	18		
16_2	15	7	18		
16_4	15	0	17	30	30
20_1	20	20	20		
20_2	20	10	20		
20_4	15	5	20		

Bild 11-1   Aufgetrennter Prüfkörper 20_2_600_2

Tabelle 11-2 Versuchsergebnisse einer Gewindestange Ø 16 mm

Versuch Nr.	F_{max} in kN	K_{oben} in kN/mm	K_{unten} in kN/mm	$F_{max,mean}$	Stabw F_{max}	Versagen
16_1_500_1*	99,1	66,7	65,3			Stahl
16_1_500_2	101,5	64,0	63,4			Stahl
16_1_500_3	99,5	61,4	69,0	100,5	1,2	Stahl
16_1_500_4	101,7	-	65,7			Stahl
16_1_500_5	100,6	63,6	51,9			Stahl
16_2_500_1	100,9	62,7	64,0			Stahl
16_2_500_2	98,4	-	60,2			Stahl
16_2_500_3	97,6	63,7	60,7	99,1	1,5	Stahl
16_2_500_4	100,3	-	62,9			Stahl
16_2_500_5	97,8	58,5	61,2			Stahl
16_4_500_1	97,3	70,3	71,1			Stahl
16_4_500_2	98,1	68,9	67,4			Stahl
16_4_500_3	97,9	65,1	68,45	98,2	0,6	Stahl
16_4_500_4	98,8	63,9	54,4			Stahl
16_4_500_5	98,7	71,2	60,7			Stahl

*) *Versagen der Haltevorrichtung, danach Wiederbelastung*

Grün markierte Felder zeigen das Versagen (oben oder unten).

Tabelle 11-3   Versuchsergebnisse einer Gewindestange Ø 20 mm

Versuch Nr.	F_{max} in kN	K_{oben} in kN/mm	K_{unten} in kN/mm	$F_{max,mean}$	Stabw F_{max}	Versagen
20_1_600_1	162,7	84,6	91,0			Holz
20_1_600_2	162,9	110,2	107,8			Holz
20_1_600_3	170,9	104,3	108,9	164,8	5,9	Holz
20_1_600_4*	154,2	101,2	111,2			Holz
20_1_600_5	162,5	103,2	98,5			Holz
20_1_600v_1	159,56	104,1	90,0			Holz
20_1_600v_2*	152,0	116,8	107,0			Holz
20_1_600v_3	160,6	80,3	102,8	157,1	4,3	Holz
20_1_600v_4	157,3	110,4	109,4			Holz
20_1_600v_5	151,0	107,6	111,8			Holz
20_1_700_1	172,1	105,3	106,2			Stahl
20_1_700_2	172,5	101,7	115,6			Holz
20_1_700_3	171,8	103,7	101,8	166,3	8,6	Stahl
20_1_700_4	162,4	105,2	113,1			Holz
20_1_700_5	152,8	101,5	109,0			Holz
20_2_700_1	160,3	98,1	83,9			Holz
20_2_700_2*	171,3	92,9	101,0			Stahl
20_2_700_3	171,5	92,2	95,5	164,8	5,3	Holz
20_2_700_4	158,7	94,2	106,6			Holz
20_2_700_5	166,6	84,2	91,9			Holz
20_2_600_1	126,9	104,4	118,6			Holz
20_2_600_2	121,9	78,5	86,6			Holz
20_2_600_3	153,1	74,5	76,7	135,7	17,5	Holz
20_2_600_4	120,4	88,2	92,7			Holz
20_2_600_5	156,3	97,4	84,8			Holz
20_4_800_1	173,2	104,8	93,8			Holz
20_4_800_2	162,5	92,0	81,9			Holz
20_4_800_3	156,7	85,9	99,8	162,8	10,5	Holz
20_4_800_4	172,8	86,1	93,0			Stahl
20_4_800_5	148,7	92,2	91,3			Holz

*)   *Versagen der Haltevorrichtung, danach Wiederbelastung*

[grün]   *Grün markierte Felder zeigen das Versagen (oben oder unten).*

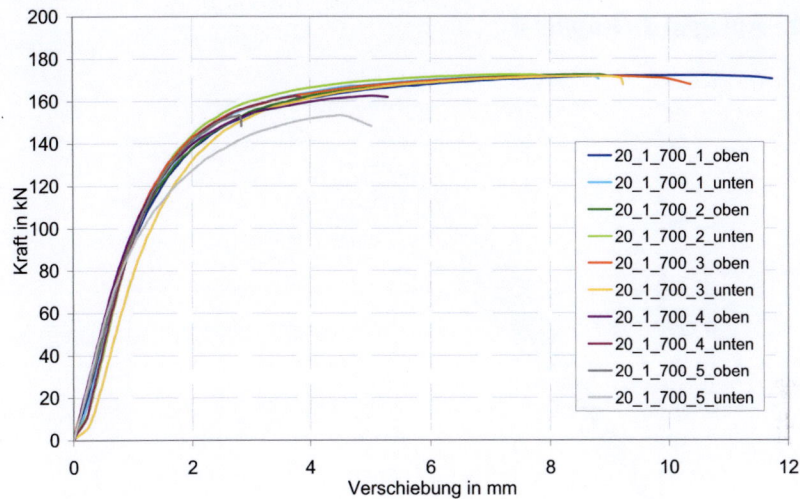

Bild 11-2   Last-Verformungsdiagramm Ø 20 mm beispielhaft 20_1_700

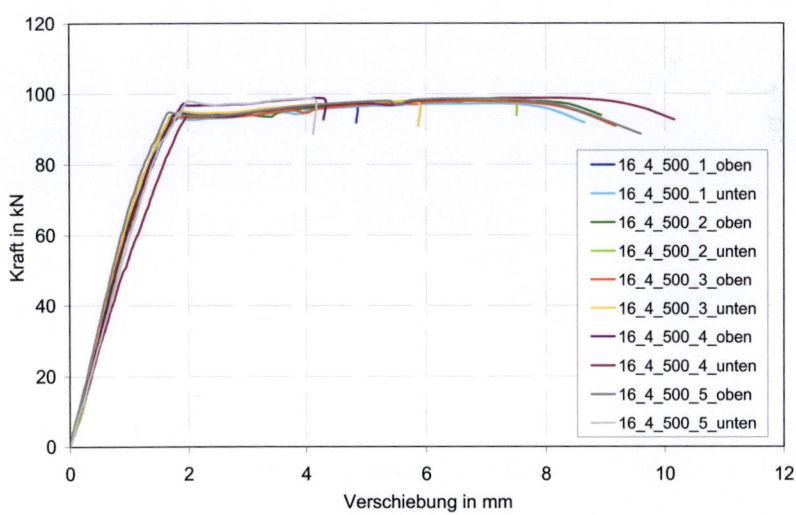

Bild 11-3   Last-Verformungsdiagramm Ø 16 mm beispielhaft 16_4_500

11.2 Anlagen zu Kapitel 4

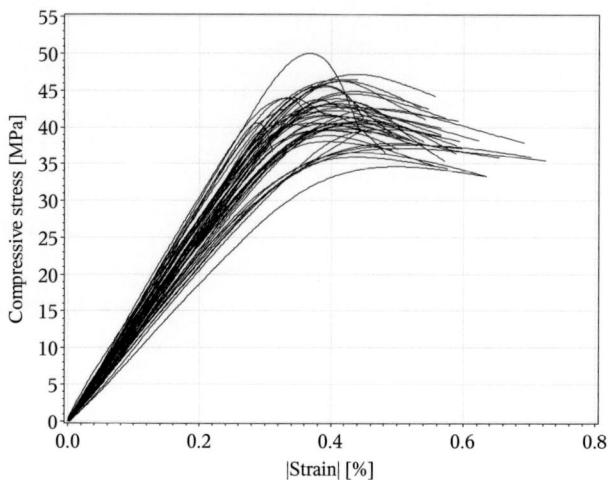

Bild 11-4   Typ 1 (Druckspannung in N/mm² und Dehnung in %)

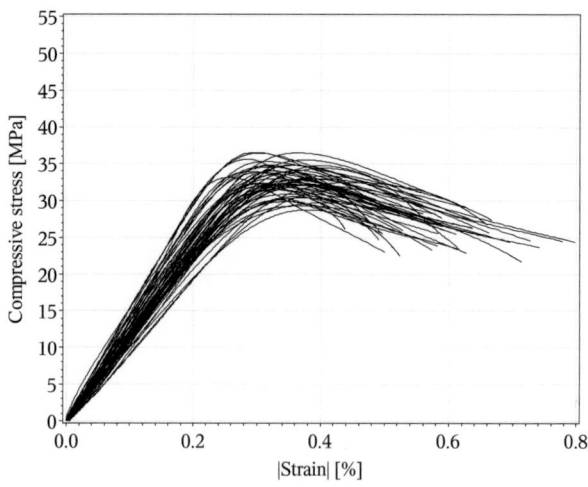

Bild 11-5   Typ 2 (Druckspannung in N/mm² und Dehnung in %)

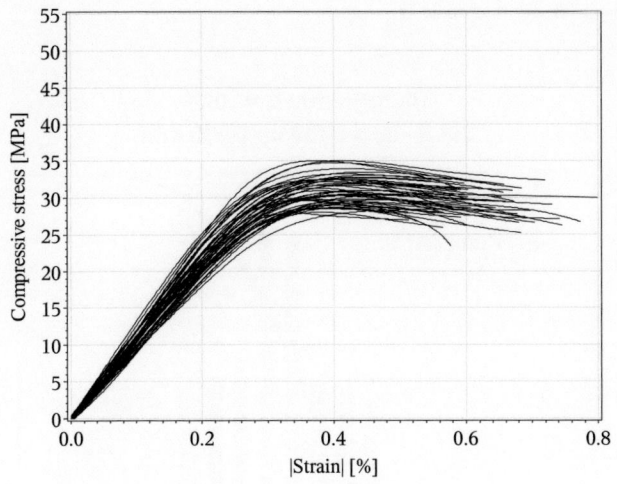

Bild 11-6   *Typ 3 (Druckspannung in N/mm² und Dehnung in %)*

11.3 Anlagen zu Kapitel 5

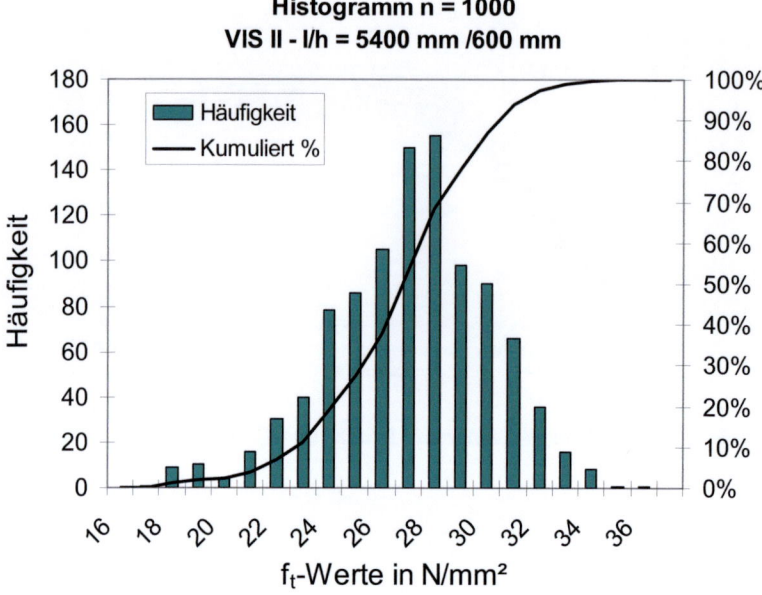

Bild 11-7   *Histogramm und kumulierte Häufigkeitsverteilung der simulierten Festigkeitswerte nach Sortierverfahren VIS II*

11.4 Anlagen zu Kapitel 6

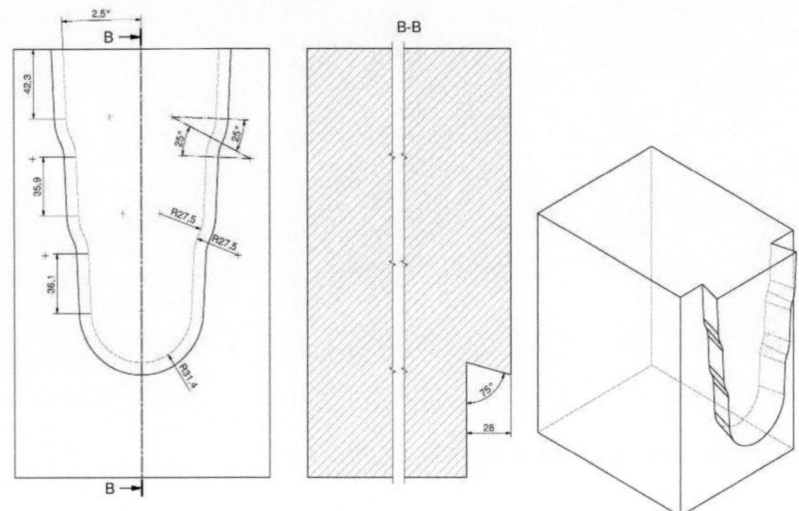

Bild 11-8   Reihe 1.2

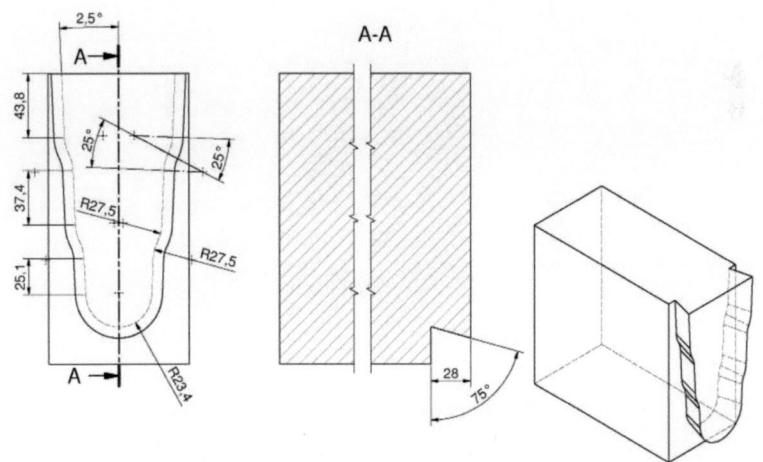

Bild 11-9   Reihe 1.1.1

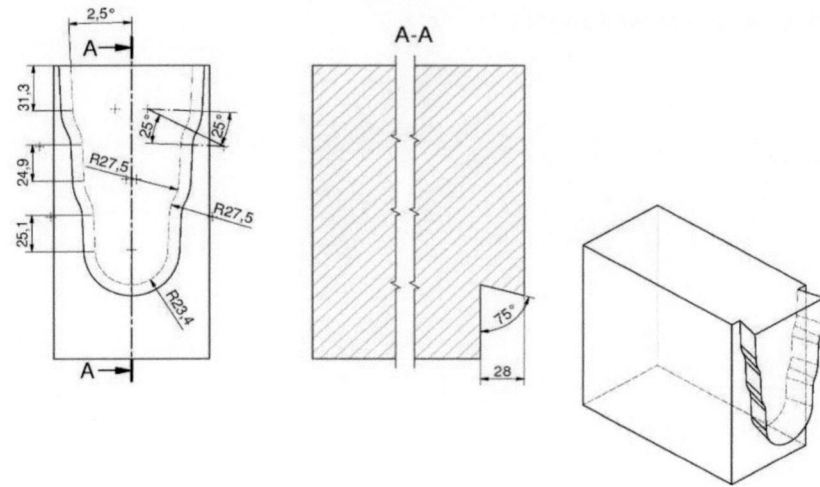

Bild 11-10   Reihe 1.1.2 und Reihe 2.1.1 bis 2.1.3

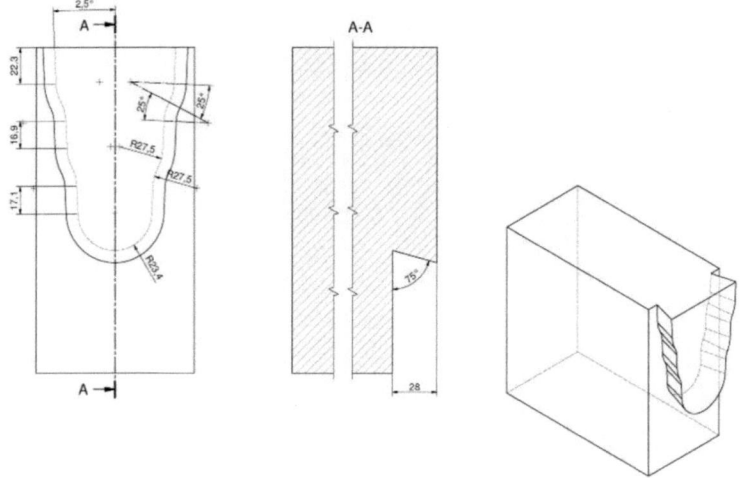

Bild 11-11   Reihe 1.1.3

Tabelle 11-4 Rohdichte nach DIN EN 408, auf 12% Feuchtegehalt normiert, sowie Feuchtegehalt zum Zeitpunkt der Prüfung für die Prüfkörper der Versuchsreihe 1.1

Versuch Nr.	versagter Nebenträger		Hauptträger			
			linker Anschluss		rechter Anschluss	
	ρ_{12}	u	ρ_{12}	u	ρ_{12}	u
	[kg/m³]	[%]	[kg/m³]	[%]	[kg/m³]	[%]
1.1.1-1	477 (li)	11,0	475	9,9	398	9,0
1.1.1-2	475 (li)	10,9	441	9,5	399	8,8
1.1.1-3	479 (re)	11,4	474	9,8	435	9,4
1.1.1-4	429 (li)	10,5	451	9,6	476	10,0
1.1.1-5	495 (re)	11,3	465	9,5	474	10,2
1.1.1-6	493 (re)	11,3	465	9,5	458	9,6
1.1.2-1	459 (li)	11,0	493	10,6	504	11,1
1.1.2-2	489 (li)	11,3	441	10,9	502	11,3
1.1.2-3	455 (re)	11,2	463	10,9	438	10,7
1.1.2-4	442 (li)	11,0	502	10,9	504	11,0
1.1.2-5	474 (re)	11,0	517	11,1	480	10,8
1.1.2-6	501 (re)	11,3	497	11,1	491	11,0
1.1.3-1	466 (re)	10,7	487	10,1	480	10,4
1.1.3-2	463 (li)	10,9	505	10,4	498	10,7
1.1.3-3	446 (re)	10,4	485	10,5	535	10,9
1.1.3-4	464 (re)	10,6	463	10,7	476	10,8
1.1.3-5	508 (re)	10,5	451	10,3	487	10,5
1.1.3-6	502 (re)	11,0	487	10,5	483	10,4

Tabelle 11-5   Rohdichte nach DIN EN 408, auf 12% Feuchtegehalt normiert,
sowie Feuchtegehalt zum Zeitpunkt der Prüfung für die Prüfkörper
der Versuchsreihe 1.2

Versuch Nr.	versagter Nebenträger		Hauptträger			
			linker Anschluss		rechter Anschluss	
	ρ_{12}	u	ρ_{12}	u	ρ_{12}	u
	[kg/m³]	[%]	[kg/m³]	[%]	[kg/m³]	[%]
1.2-1	552 (re)	9,4	486	8,9	482	9,2
1.2-2	514 (re)	9,1	488	8,6	531	9,1
1.2-3	511 (li)	9,3	513	9,0	502	9,1
1.2-4	535 (re)	9,4	532	9,6	486	9,1
1.2-5	478 (re)	9,2	529	9,2	475	8,9
1.2-6	477 (re)	8,8	564	9,4	498	9,1

Tabelle 11-6   Rohdichte nach DIN EN 408, auf 12% Feuchtegehalt normiert, sowie Feuchtegehalt zum Zeitpunkt der Prüfung für die Prüfkörper der Versuchsreihe 2.1

Versuch Nr.	Nebenträger		Hauptträger	
	ρ_{12}	u	ρ_{12}	U
	[kg/m^3]	[%]	[kg/m^3]	[%]
2.1.1-1	474	10,0	484	8,4
2.1.1-2	482	11,8	470	8,3
2.1.1-3	473	11,5	484	9,2
2.1.1-4	491	9,8	508	9,1
2.1.1-5	483	10,6	496	8,6
2.1.1-6	519	11,5	503	8,2
2.1.2-1	491	10,4	477	9,9
2.1.2-2	470	10,8	514	10,6
2.1.2-3	495	11,0	513	11,6
2.1.2-4	460	10,7	526	11,4
2.1.2-5	502	10,9	467	10,2
2.1.3-1	482	9,5	439	8,9
2.1.3-2	429	10,0	450	8,8
2.1.3-3	448	10,8	446	9,3
2.1.3-4	447	9,9	442	9,2
2.1.3-5	476	11,8	458	9,2

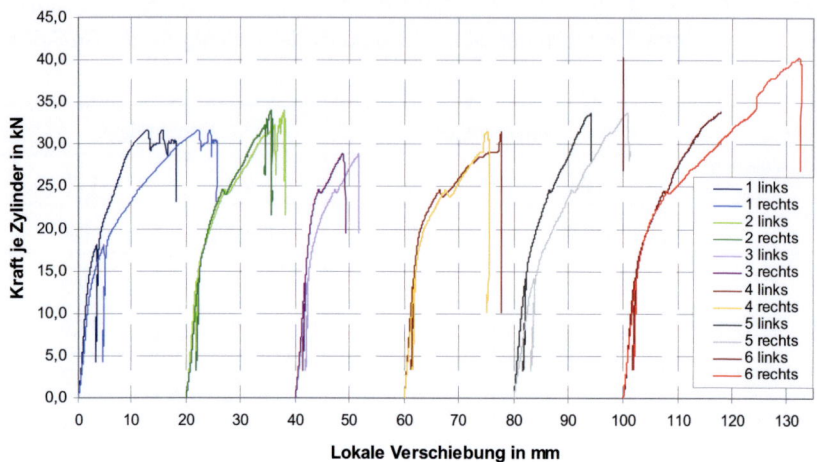

Bild 11-12   Reihe 1.1.1

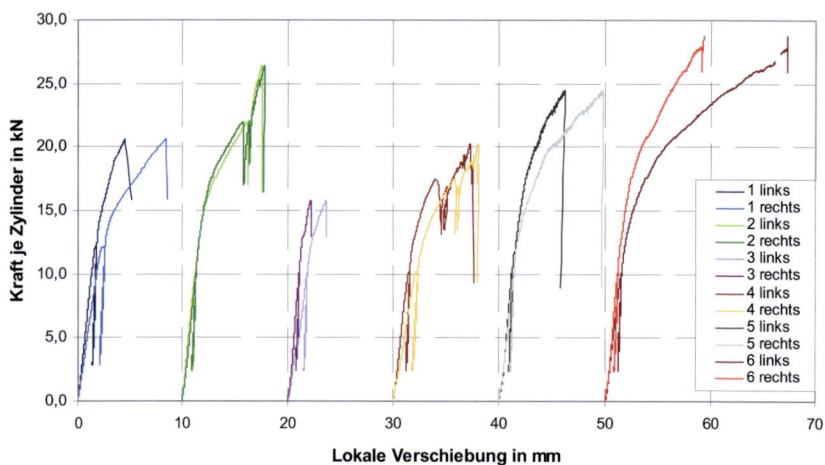

Bild 11-13   Reihe 1.1.2

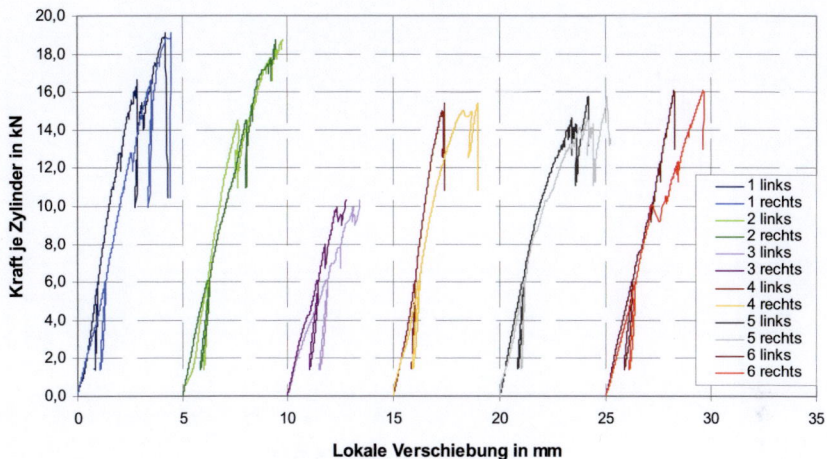

Bild 11-14   Reihe 1.1.3

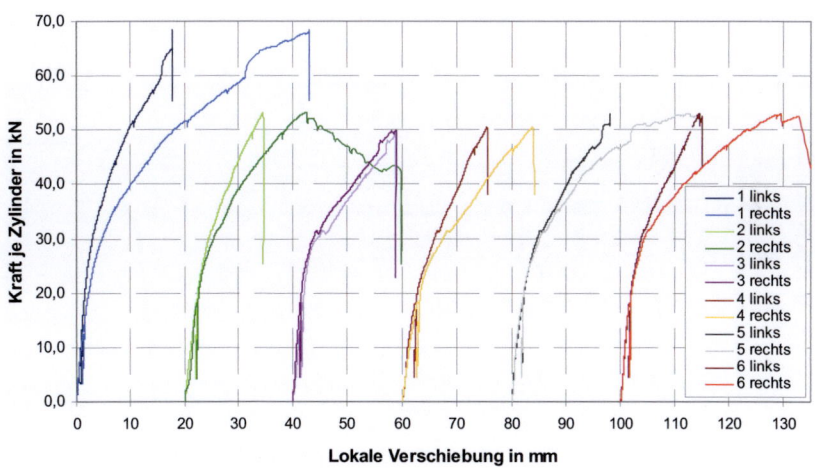

Bild 11-15   Reihe 1.2

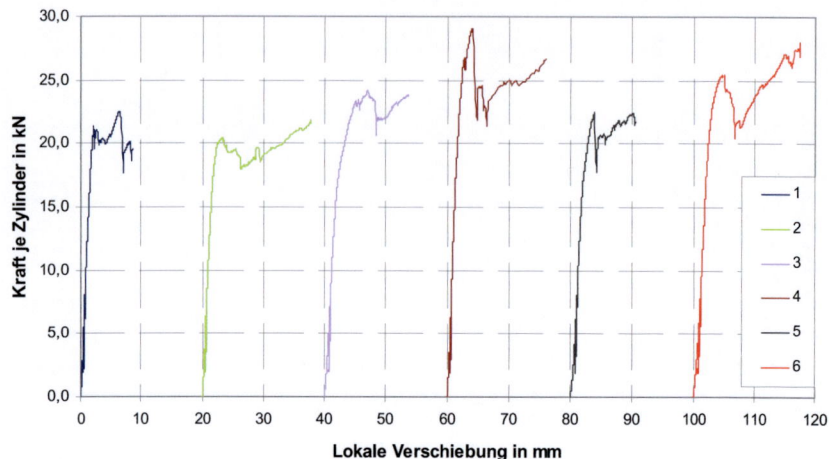

Bild 11-16   Reihe 2.1.1

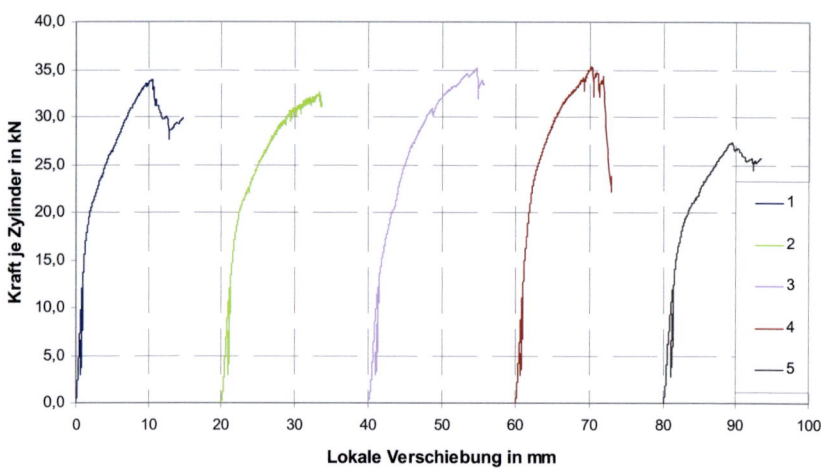

Bild 11-17   Reihe 2.1.2

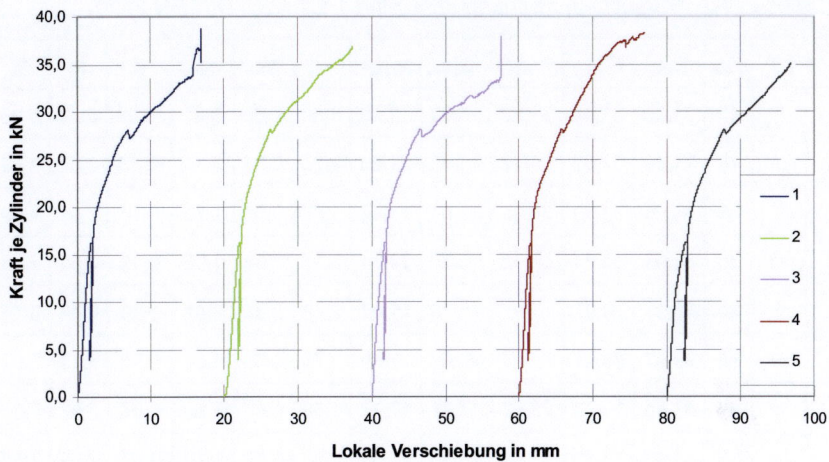

Bild 11-18   Reihe 2.1.3

Tabelle 11-7   Versuchsauswertung der Reihe 1.1.1 nach DIN EN 26891

1.1.1		F_{est}	F_{max}	$F_{max,1}$	F_{max15}	v_{fmax}	v_{fmax1}	v_{04}	v_{01}	$v_{i,mod}$	v_s	k_i	k_s
1	li	45	31,66	31,62	31,62	15,63	12,49	3,39	0,68	3,61	-0,23	5,32	4,98
	re	45	31,66	31,62	27,47	24,43	21,80	4,73	0,88	5,14	-0,40	3,80	3,50
2	li	35	34,08	32,34	31,28	17,96	16,17	1,89	0,59	1,73	0,16	7,41	8,09
	re	35	34,08	32,34	33,42	15,59	14,34	2,15	0,68	1,96	0,19	6,51	7,14
3	li	35	28,97	28,97	-	11,70	11,67	2,18	0,62	2,08	0,10	6,43	6,73
	re	35	28,97	28,97	-	8,67	8,64	1,73	0,55	1,57	0,16	8,11	8,91
4	li	35	31,45	31,45	28,93	17,77	17,77	1,58	0,45	1,50	0,07	8,87	9,30
	re	35	31,45	31,45	31,41	15,36	15,30	1,86	0,52	1,79	0,07	7,52	7,80
5	li	35	33,72	33,72	-	14,16	14,13	2,07	0,51	2,08	-0,01	6,76	6,74
	re	35	33,72	33,72	28,98	20,74	20,71	3,64	0,86	3,70	-0,06	3,85	3,78
6	li	35	40,31	40,31	32,55	-	-	1,95	0,60	1,81	0,14	7,18	7,75
	re	35	40,31	40,31	28,69	32,39	32,22	2,16	0,56	2,13	0,03	6,49	6,58
MIN			29,0	29,0	27,5	8,7	8,6	1,6	0,5	1,5	-0,4	3,8	3,5
$\bar{x}$			33,4	33,1	30,5	17,7	16,8	2,4	0,6	2,4	0,0	6,5	6,8
MAX			40,3	40,3	33,4	32,4	32,2	4,7	0,9	5,1	0,2	8,9	9,3
s			3,7	3,7	2,0	6,4	6,4	1,0	0,1	1,1	0,2	1,5	1,9
		F_x in kN				v_x in mm			k_x in kN/mm				

Tabelle 11-8   Versuchsauswertung der Reihe 1.1.2 nach DIN EN 26891

1.1.2		F_{est}	F_{max}	$F_{max,1}$	F_{max15}	v_{fmax}	v_{fmax1}	v_{04}	v_{01}	$v_{i,mod}$	v_s	k_i	k_s
1	li	30	20,59	20,59	-	4,59	4,54	1,61	0,42	1,60	0,02	7,43	7,52
	re	30	20,59	20,59	-	8,42	8,32	2,23	0,55	2,25	-0,02	5,37	5,33
2	li	25	26,41	21,98	-	7,50	6,11	1,19	0,33	1,15	0,04	8,38	8,66
	re	25	26,41	21,98	-	7,78	5,64	1,24	0,39	1,14	0,10	8,04	8,75
3	li	25	15,78	15,78	-	3,66	3,60	1,79	0,47	1,76	0,03	5,60	5,69
	re	25	15,78	15,78	-	2,18	2,14	1,05	0,36	0,92	0,13	9,54	10,90
4	li	25	20,19	17,51	-	7,28	3,98	1,38	0,42	1,28	0,10	7,23	7,81
	re	25	20,19	17,51		8,04	5,76	2,05	0,60	1,93	0,11	4,88	5,17
5	li	25	24,48	24,48	-	6,17	6,15	1,16	0,45	0,95	0,21	8,61	10,55
	re	25	24,48	24,48	-	9,78	9,77	1,30	0,44	1,15	0,15	7,70	8,70
6	li	25	27,87	27,87	26,21	17,33	17,32	1,44	0,42	1,36	0,08	6,95	7,37
	re	25	27,87	27,87	-	9,09	9,08	1,13	0,40	0,97	0,15	8,88	10,27
MIN			15,8	15,8	26,2	2,2	2,1	1,0	0,3	0,9	0,0	4,9	5,2
$\overline{x}$			22,6	21,4	26,2	7,7	6,9	1,5	0,4	1,4	0,1	7,4	8,1
MAX			27,9	27,9	26,2	17,3	17,3	2,2	0,6	2,3	0,2	9,5	10,9
s			4,3	4,2	-	3,8	4,0	0,4	0,1	0,4	0,1	1,5	2,0
			F_x in kN			v_x in mm			k_x in kN/mm				

Tabelle 11-9   Versuchsauswertung der Reihe 1.1.3 nach DIN EN 26891

1.1.3		F_{est}	F_{max}	$F_{max,1}$	F_{max15}	v_{fmax}	v_{fmax1}	v_{04}	v_{01}	$v_{i,mod}$	v_s	k_i	k_s
1	li	15	19,08	12,80	-	4,19	2,03	0,95	0,37	0,78	0,17	6,30	7,72
	re	15	19,08	12,80	-	4,47	2,52	1,30	0,31	1,32	-0,02	4,60	4,53
2	li	15	18,71	14,47	-	4,77	2,62	1,14	0,48	0,87	0,27	5,27	6,89
	re	15	18,71	14,47	-	4,47	3,02	1,16	0,27	1,19	-0,03	5,16	5,05
3	li	15	10,31	7,97	-	3,40	2,50	1,77	0,35	1,90	-0,13	3,39	3,16
	re	15	10,31	7,97	-	2,76	1,76	1,39	0,31	1,44	-0,04	4,31	4,17
4	li	15	15,36	14,97	-	2,41	2,26	0,98	0,28	0,94	0,05	6,10	6,40
	re	15	15,36	14,97	-	3,93	3,24	1,15	0,27	1,17	-0,02	5,22	5,13
5	li	15	15,74	14,63	-	4,16	3,38	1,03	0,27	1,01	0,02	5,85	5,95
	re	15	15,74	14,63	-	5,07	4,11	1,12	0,30	1,09	0,03	5,38	5,51
6	li	15	16,06	10,07	-	3,25	2,18	1,24	0,31	1,25	0,00	4,83	4,81
	re	15	16,06	10,07	-	4,62	2,17	1,39	0,38	1,34	0,05	4,32	4,47
MIN			10,3	8,0	-	2,4	1,8	1,0	0,3	0,8	-0,1	3,4	3,2
$\overline{x}$			15,9	12,5	-	4,0	2,6	1,2	0,3	1,2	0,0	5,1	5,3
MAX			19,1	15,0	-	5,1	4,1	1,8	0,5	1,9	0,3	6,3	7,7
s			3,0	2,7	-	0,8	0,7	0,2	0,1	0,3	0,1	0,8	1,3
		F_x in kN				v_x in mm			k_x in kN/mm				

Tabelle 11-10   Versuchsauswertung der Reihe 1.2 nach DIN EN 26891

1.2		F_{est}	F_{max}	$F_{max,1}$	F_{max15}	v_{fmax}	v_{fmax1}	v_{04}	v_{01}	$v_{i,mod}$	v_s	k_i	k_s
1	li	35	68,41	51,72	58,88	17,57	10,56	1,01	0,32	0,92	0,09	13,88	15,23
	re	35	68,41	51,72	47,02	43,05	20,33	1,31	0,26	1,40	-0,09	10,73	10,01
2	li	45	53,14	53,14	-	14,54	14,53	2,02	0,42	2,12	-0,11	8,93	8,49
	re	45	53,14	53,14	45,89	22,54	22,47	2,18	0,88	1,73	0,45	8,27	10,42
3	li	45	49,82	49,82	43,63	18,87	18,87	1,81	0,60	1,61	0,20	9,96	11,19
	re	45	49,82	49,82	45,25	18,86	18,76	1,42	0,41	1,35	0,07	12,63	13,30
4	li	45	50,45	50,45	49,93	15,45	15,43	2,31	0,60	2,28	0,03	7,78	7,90
	re	45	50,45	50,45	40,53	23,74	23,69	2,72	0,64	2,77	-0,05	6,61	6,50
5	li	45	52,98	52,98	46,66	17,95	17,95	1,90	0,37	2,04	-0,13	9,46	8,83
	re	45	52,98	52,98	43,65	32,52	32,36	1,81	0,45	1,82	0,00	9,92	9,91
6	li	45	53,03	53,03	52,55	14,46	14,45	1,54	0,41	1,52	0,03	11,68	11,88
	re	45	53,03	53,03	43,22	29,68	29,60	1,58	0,42	1,55	0,03	11,39	11,61
MIN			49,8	49,8	40,5	14,5	10,6	1,0	0,3	0,9	-0,1	6,6	6,5
$\bar{x}$			54,6	51,9	47,0	22,4	19,9	1,8	0,5	1,8	0,0	10,1	10,4
MAX			68,4	53,1	58,9	43,1	32,4	2,7	0,9	2,8	0,4	13,9	15,2
s			6,6	1,4	5,1	8,7	6,3	0,5	0,2	0,5	0,2	2,1	2,4

F_x in kN v_x in mm k_x in kN/mm

Tabelle 11-11   Versuchsauswertung der Reihe 2.1.1 nach DIN EN 26891

2.1.1	F_{est}	F_{max}	$F_{max,1}$	F_{max15}	v_{fmax}	v_{fmax1}	v_{04}	v_{01}	$v_{i,mod}$	v_s	k_i	k_s
1	20	22,52	21,40	22,52	6,44	2,11	0,66	0,22	0,58	0,07	12,18	13,74
2	20	21,79	20,37	20,86	17,63	3,24	0,70	0,24	0,61	0,08	11,48	13,07
3	20	26,65	23,43	24,29	17,62	5,57	0,93	0,32	0,82	0,11	8,58	9,74
4	20	29,06	20,10	29,06	4,04	1,64	0,67	0,25	0,56	0,11	11,98	14,39
5	20	26,17	22,47	23,17	16,90	3,76	1,02	0,41	0,81	0,21	7,87	9,92
6	20	28,04	25,44	27,10	17,45	5,04	1,17	0,43	0,99	0,18	6,84	8,11
MIN		21,8	20,1	20,9	4,0	1,6	0,7	0,2	0,6	0,1	7,9	9,7
$\bar{x}$		25,2	21,6	24,0	12,5	3,3	0,8	0,3	0,7	0,1	10,4	12,2
MAX		29,1	23,4	29,1	17,6	5,6	1,0	0,4	0,8	0,2	12,2	14,4
s		3,0	1,4	3,1	6,7	1,5	0,2	0,1	0,1	0,1	2,0	2,2
		F_x in kN			v_x in mm			k_x in kN/mm				

Tabelle 11-12   Versuchsauswertung der Reihe 2.1.2 nach DIN EN 26891

2.1.2	F_{est}	F_{max}	$F_{max,1}$	F_{max15}	v_{fmax}	v_{fmax1}	v_{04}	v_{01}	$v_{i,mod}$	v_s	k_i	k_s
1	30	33,95	33,95	33,95	10,49	10,46	0,86	0,29	0,76	0,10	13,93	15,83
2	30	34,84	30,65	32,88	17,15	9,26	1,10	0,37	0,97	0,12	10,94	12,34
3	30	35,93	30,84	33,62	19,02	8,62	1,29	0,49	1,08	0,22	9,28	11,16
4	30	35,30	34,12	35,30	10,24	9,07	0,90	0,29	0,81	0,09	13,35	14,75
5	30	27,38	27,38	27,38	9,55	9,52	1,25	0,40	1,13	0,12	9,63	10,62
MIN		27,4	27,4	27,4	9,5	8,6	0,9	0,3	0,8	0,1	9,3	10,6
$\overline{x}$		33,5	31,4	32,6	13,3	9,4	1,1	0,4	0,9	0,1	11,4	12,9
MAX		35,9	34,1	35,3	19,0	10,5	1,3	0,5	1,1	0,2	13,9	15,8
s		3,5	2,8	3,1	4,4	0,7	0,2	0,1	0,2	0,1	2,1	2,3

F_x in kN v_x in mm k_x in kN/mm

Tabelle 11-13   Versuchsauswertung der Reihe 2.1.3 nach DIN EN 26891

2.1.3	F_{est}	F_{max}	$F_{max,1}$	F_{max15}	v_{fmax}	v_{fmax1}	v_{04}	v_{01}	$v_{i,mod}$	v_s	k_i	k_s
1	40	38,72	38,72	33,58	-	16,86	1,78	0,53	1,67	0,11	8,98	9,59
2	40	41,23	37,91	35,17	-	17,31	1,94	0,72	1,63	0,31	8,24	9,82
3	40	38,60	38,58	32,04	-	17,52	1,64	0,31	1,77	-0,13	9,75	9,05
4	40	41,22	37,51	37,60	-	14,40	1,47	0,46	1,34	0,13	10,90	11,93
5	40	40,08	37,34	33,51	-	17,29	2,36	0,49	2,49	-0,13	6,77	6,42
MIN		38,6	37,3	32,0	-	14,4	1,5	0,3	1,3	-0,1	6,8	6,4
$\overline{x}$		40,0	38,0	34,4	-	16,7	1,8	0,5	1,8	0,1	8,9	9,4
MAX		41,2	38,7	37,6	-	17,5	2,4	0,7	2,5	0,3	10,9	11,9
s		1,3	0,6	2,1	-	1,3	0,3	0,1	0,4	0,2	1,6	2,0

F_x in kN v_x in mm k_x in kN/mm

11.5 Anlagen zu Kapitel 7

Tabelle 11-14   Ausziehtragfähigkeit – 200 mm Hybrid-Brettschichtholz
(Ø 16 mm)

Nr	PK	ρ [kg/m³]			F_{max}	$K_{ax,o}$	$K_{ax,u}$	$\delta_{max,o}$	$\delta_{max,u}$	f_1
		Buche	Fichte	ρ_{mean}	[kN]	[kN/mm]		[mm]		[N/mm²]
1	2	732	515	602	76,47	52,63	93,31	3,31	2,60	23,90
2	2	732	515	602	71,20	56,18	74,14	3,13	2,72	22,25
3	2	732	515	602	79,55	49,27	81,85	3,31	2,66	24,86
4	2	732	515	602	77,28	61,86	90,65	3,04	2,60	24,15
5	5	699	441	544	73,42	51,75	72,70	3,25	2,77	22,95
			$\bar{x}$	590	75,58	54,34	82,53	3,21	2,67	23,62
			s		3,29	4,88	9,35	0,12	0,07	1,03

Tabelle 11-15   Ausziehtragfähigkeit – 200 mm Hybrid-Brettschichtholz
(Ø 20 mm)

Nr	PK	ρ [kg/m³]			F_{max}	$K_{ax,o}$	$K_{ax,u}$	$\delta_{max,o}$	$\delta_{max,u}$	f_1
		Buche	Fichte	ρ_{mean}	[kN]	[kN/mm]		[mm]		[N/mm²]
1	5	699	441	544	89,40	72,08	98,35	3,71	3,30	22,35
2	5	699	441	544	90,67	79,87	106,35	3,07	2,69	22,67
3	4	745	453	570	99,44	75,63	110,20	3,90	3,47	24,86
4	4	745	453	570	103,03	89,32	119,23	3,68	3,27	25,76
5	4	745	453	570	103,02	90,43	140,88	3,88	3,36	25,75
			$\bar{x}$	560	97,11	81,47	115,00	3,65	3,22	24,28
			s		6,64	8,17	16,30	0,34	0,30	1,66

Tabelle 11-16   Ausziehtragfähigkeit – 40 mm Buche (Ø 16 mm)

Nr	PK	ρ_{mean} [kg/m³]	F_{max} [kN]	$K_{ax,o}$ [kN/mm]	$K_{ax,u}$	$\delta_{max,o}$ [mm]	$\delta_{max,u}$	f_1 [N/mm²]
1	1	752	21,67	22,15	18,52	2,29	2,51	33,86
2	1	752	22,35	24,11	22,79	2,18	2,30	34,92
3	1	752	23,55	25,59	22,10	2,80	3,04	36,79
4	1	752	22,18	30,62	28,38	3,00	3,17	34,66
5	1	752	24,40	24,83	24,03	2,47	2,55	38,12
6	1	752	24,04	28,90	26,58	2,63	2,82	37,56
7	2	715	19,61	23,72	23,35	3,48	3,48	33,42
8	2	710	21,39	23,72	23,35	3,48	3,48	33,42
9	2	748	24,05	30,27	30,71	3,45	3,41	37,58
10	2	748	21,39	27,79	25,42	2,39	2,34	33,42
	$\bar{x}$	743	22,83	25,46	23,16	2,55	2,71	35,67
	s		1,11	3,15	3,56	0,35	0,37	1,74

Tabelle 11-17 Ausziehtragfähigkeit – 40 mm Buche (Ø 20 mm)

Nr	PK	ρ_{mean} [kg/m³]	F_{max} [kN]	$K_{ax,o}$	$K_{ax,u}$ [kN/mm]	$\delta_{max,o}$	$\delta_{max,u}$ [mm]	f_1 [N/mm²]
1	4	719	20,46	21,50	27,09	2,36	2,11	25,57
2	4	719	19,91	21,68	21,86	1,69	1,68	24,89
3	4	719	23,46	22,51	23,44	2,30	2,21	29,32
4	5	732	24,55	22,73	18,84	4,10	4,49	30,69
5	5	705	18,52	18,59	17,29	2,26	2,36	23,16
6	5	705	21,34	23,66	21,79	2,15	2,28	26,67
7	5	705	18,11	19,89	18,99	2,14	2,26	22,63
$\bar{x}$		715	20,91	21,51	21,33	2,43	2,49	26,13
s			2,40	1,75	3,32	0,77	0,91	3,01

Tabelle 11-18 Ausziehtragfähigkeit – 120 mm Fichte (Ø 16 mm)

Nr	PK	ρ_{mean} [kg/m³]	F_{max} [kN]	$K_{ax,o}$	$K_{ax,u}$ [kN/mm]	$\delta_{max,o}$	$\delta_{max,u}$ [mm]	f_1 [N/mm²]
1	3	449	21,56	25,30	30,65	3,00	2,90	11,23
2	3	449	25,17	27,43	32,22	2,55	2,40	13,11
3 *)	3	449	35,28	41,72	49,70	2,99	2,82	18,37
4	3	449	27,73	31,31	38,35	2,48	2,30	14,44
5	3	449	28,78	34,73	37,89	2,80	2,64	14,99
$\bar{x}$ *)		449	25,81	29,69	34,78	2,71	2,56	13,44
s *)			3,21	4,18	3,92	0,24	0,27	1,67

*) Versuch Nr. 3: Astansammlung im Bereich der Gewindestange; Versuchsergebnis wurde in der weiteren Auswertung nicht berücksichtigt.

Tabelle 11-19   Ausziehtragfähigkeit – 120 mm Fichte (Ø 20 mm)

Nr	PK	ρ_{mean}	F_{max}	$K_{ax,o}$	$K_{ax,u}$	$\delta_{max,o}$	$\delta_{max,u}$	f_1
		[kg/m³]	[kN]	[kN/mm]		[mm]		[N/mm²]
1	10	470	48,40	54,11	67,25	2,55	2,33	20,17
2	10	470	42,86	38,17	43,65	3,13	2,94	17,86
3	10	470	43,25	31,56	-	3,14	-	18,02
$\bar{x}$		470	44,84	41,28	55,45	2,94	2,64	18,68
s			3,09	11,59	16,68	0,34	0,44	1,29

11.6　Anlagen zu Kapitel 8

Tabelle 11-20　　Ergebnisse Reihe 1

	Bauteil	ρ in kg/m³	u in %	F_{max} in kN	F(1,5 mm) in kN		$v(F_{max})$ in mm	k_s in kN/mm	
					Schlupf	o.Schlupf		Schlupf	o.Schlupf
1_1	Strebe	415	10,7	126	109	-	2,71	101	-
	Gurt	448	12,0						
1_2	Strebe	413	10,3	106	89	97	2,64	75	114
	Gurt	439	10,8						
1_3	Strebe	495	11,1	145	120	131	2,52	104	150
	Gurt	505	10,9						
1_4	Strebe	425	10,5	117	106	115	2,11	104	169
	Gurt	527	11,0						
1_5	Strebe	501	10,8	144	116	133	2,92	118	192
	Gurt	467	10,9						
1_6	Strebe	376	10,1	130	116	125	2,29	99	155
	Gurt	509	10,9						
Mittelwert				128	109	120	2,53	100	156
Minimum				106	89	97	2,11	75	114
Maximum				145	120	133	2,92	118	192
Standardabweichung				15,2	11,2	14,6	0,29	14,0	28,7
Variationskoeffizient				11,9	10,2	12,2	11,6	14,1	18,4

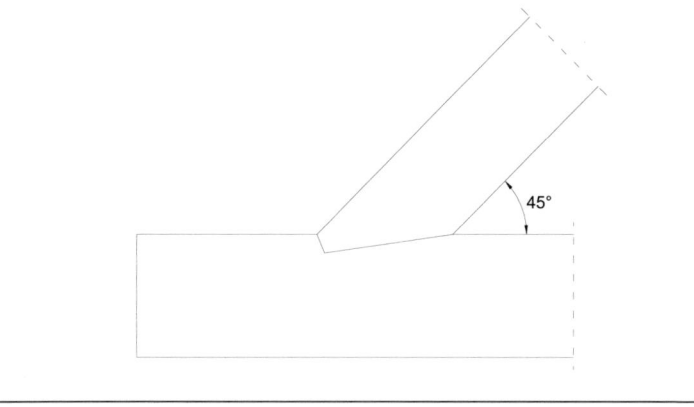

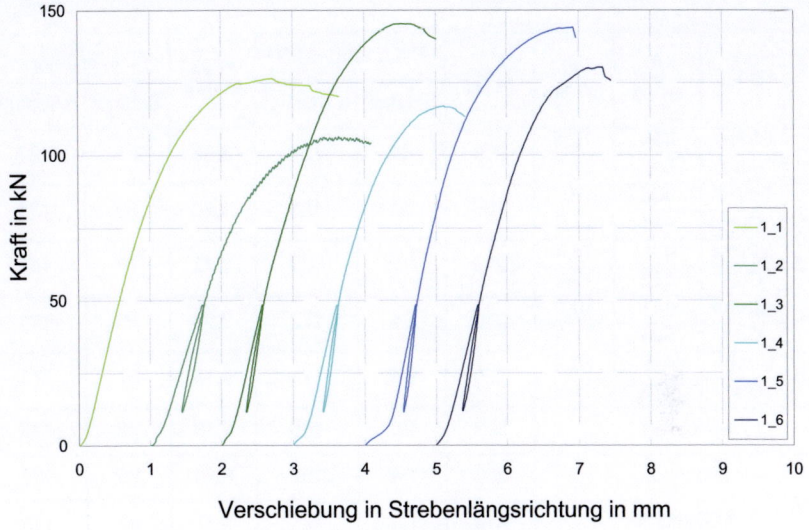

Bild 11-19   Last-Verformungsdiagramm Reihe 1

Tabelle 11-21   Ergebnisse Reihe 2

Bauteil		ρ in kg/m³	u in %	F_{max} in kN	F(1,5 mm) in kN		$v(F_{max})$ in mm	k_s in kN/mm	
					Schlupf	o.Schlupf		Schlupf	o.Schlupf
2_1	Strebe	456	10,5	200	84	157	3,80	63	122
	Gurt	508	11,5						
2_2	Strebe	438	10,2	205	96	158	4,20	69	133
	Gurt	481	11,2						
2_3	Strebe	434	10,4	216	105	169	4,77	72	151
	Gurt	532	10,8						
2_4	Strebe	441	10,3	215	94	172	3,99	66	151
	Gurt	504	11,3						
2_5	Strebe	449	10,3	209	129	171	4,18	97	171
	Gurt	486	11,2						
Mittelwert				209	102	165	4,19	73	146
Minimum				200	84	157	3,80	63	122
Maximum				216	129	172	4,77	97	171
Standardabweichung				6,53	17,2	7,24	0,37	13,5	18,7
Variationskoeffizient				3,12	17,0	4,38	8,71	18,4	12,8

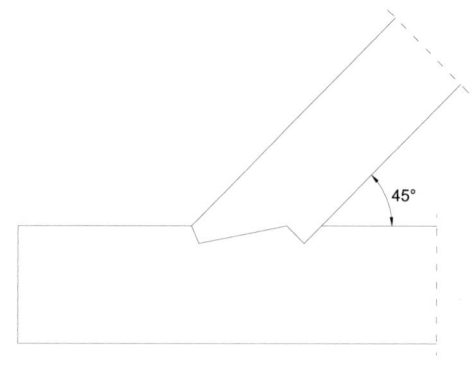

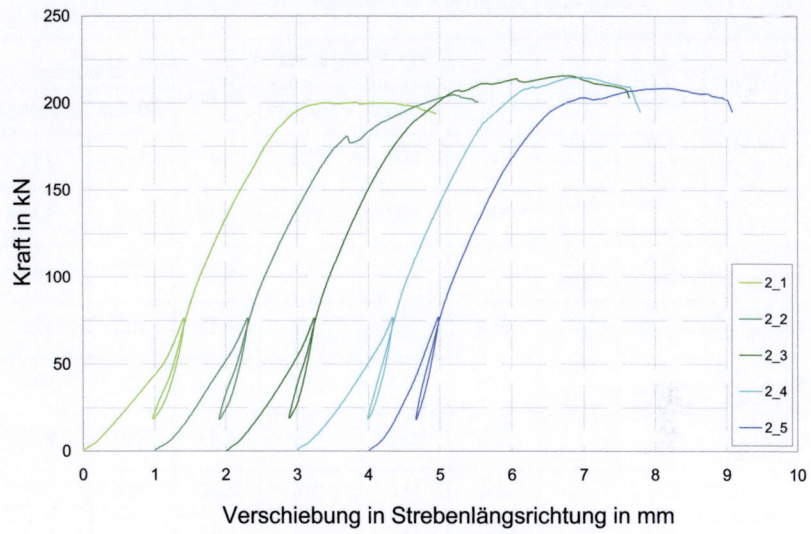

Bild 11-20   *Last-Verformungsdiagramm Reihe 2*

Tabelle 11-22   Ergebnisse Reihe 3

	Bauteil	ρ in kg/m³	u in %	F_{max} in kN	F(1,5 mm) in kN		$v(F_{max})$ in mm	k_s in kN/mm	
					Schlupf	o.Schlupf		Schlupf	o.Schlupf
3_1	Strebe	424	10,7	-	164	193	-	112	185
	Gurt	474	10,7						
3_2	Strebe	423	10,5	244	162	195	3,40	127	175
	Gurt	487	11,5						
3_3	Strebe	420	9,9	225	111	157	4,92	79	144
	Gurt	403	10,9						
3_4	Strebe	425	10,4	248	160	193	3,10	103	154
	Gurt	410	11,1						
3_5	Strebe	437	10,4	271	111	175	4,71	72	113
	Gurt	518	12,0						
3_6	Strebe	467	11,2	256	182	193	4,11	138	227
	Gurt	462	12,2						
Mittelwert				249	148	184	4,05	105	167
Minimum				225	111	157	3,10	72	113
Maximum				271	182	195	4,92	138	227
Standardabweichung				16,9	30,0	15,3	0,79	26,0	39,1
Variationskoeffizient				6,76	20,3	8,30	19,6	24,7	23,4

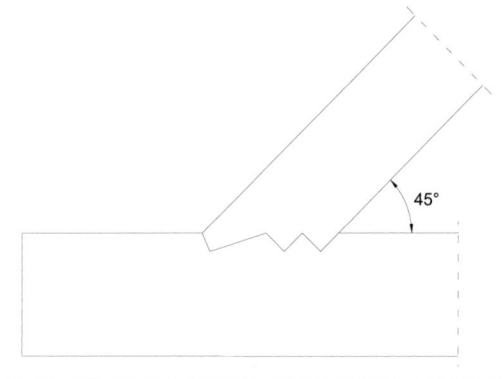

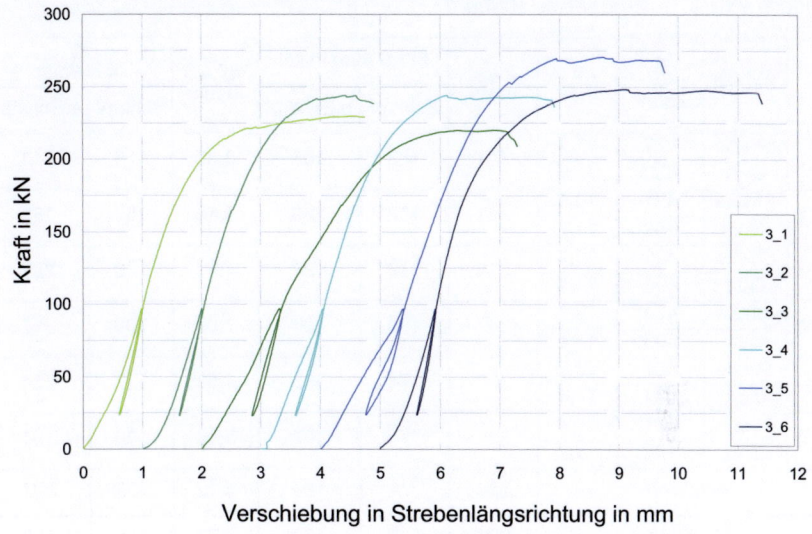

Bild 11-21   Last-Verformungsdiagramm Reihe 3

Tabelle 11-23   Ergebnisse Reihe 4

	Bauteil	ρ in kg/m³	u in %	F_{max} in kN	F(1,5 mm) in kN		$v(F_{max})$ in mm	k_s in kN/mm	
					Schlupf	o.Schlupf		Schlupf	o.Schlupf
4_1	Strebe	473	11,1	201	183	188	3,30	175	213
	Gurt	430	11,0						
4_2	Strebe	431	10,6	221	172	180	6,66	157	185
	Gurt	453	11,7						
4_3	Strebe	401	10,4	215	172	182	7,61	169	202
	Gurt	428	11,1						
4_4	Strebe	434	10,7	247	190	200	7,03	180	217
	Gurt	502	11,5						
4_5	Strebe	405	10,3	202	174	187	2,93	177	234
	Gurt	504	11,4						
4_6	Strebe	461	10,9	211	175	187	3,16	148	194
	Gurt	482	11,2						
Mittelwert				216	178	187	5,12	167	207
Minimum				201	172	180	2,93	148	185
Maximum				247	190	200	7,61	180	234
Standardabweichung				17,0	7,11	6,99	2,20	12,6	17,7
Variationskoeffizient				7,86	4,00	3,73	43,0	7,52	8,52

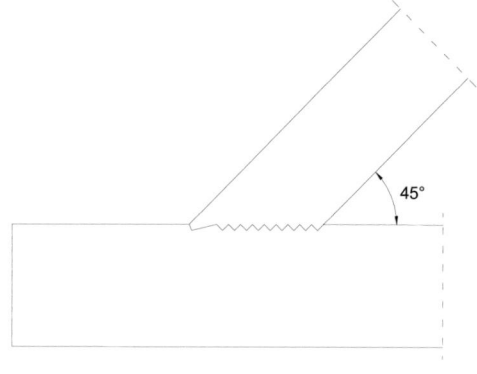

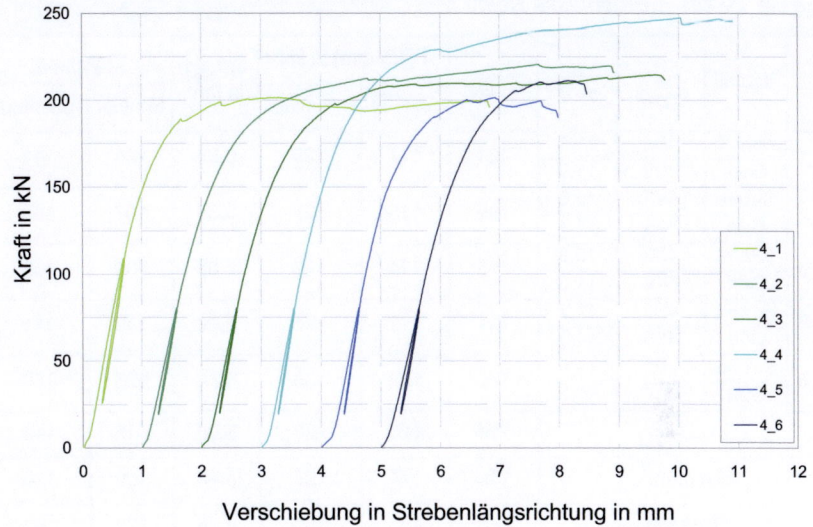

Bild 11-22   Last-Verformungsdiagramm Reihe 4

Tabelle 11-24   Ergebnisse Reihe 5

	Bauteil	ρ in kg/m³	u in %	F_{max} in kN	F(1,5 mm) in kN		$v(F_{max})$ in mm	k_s in kN/mm	
					Schlupf	o.Schlupf		Schlupf	o.Schlupf
5_1	Strebe	458	11,1	151	117	125	6,25	106	141
	Gurt	462	11,3						
5_2	Strebe	443	10,6	149	118	127	3,59	107	136
	Gurt	446	11,1						
5_3	Strebe	436	10,9	153	114	123	5,96	100	136
	Gurt	548	11,3						
5_4	Strebe	454	11,2	161	119	127	3,46	110	141
	Gurt	455	11,3						
5_5	Strebe	461	11,0	176	132	136	6,16	128	160
	Gurt	437	10,8						
Mittelwert				158	120	128	5,08	110	143
Minimum				149	114	123	3,46	100	136
Maximum				176	132	136	6,25	128	160
Standardabweichung				11,1	6,79	5,17	1,43	10,5	10,1
Variationskoeffizient				7,02	5,65	4,04	28,1	9,52	7,10

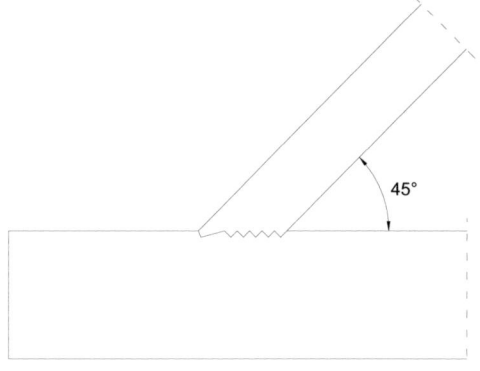

45°

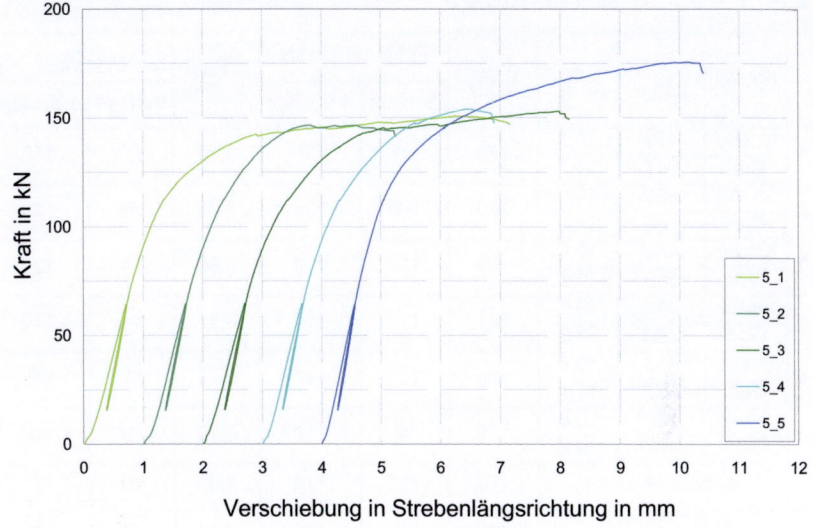

Bild 11-23   Last-Verformungsdiagramm Reihe 5

Tabelle 11-25 Ergebnisse Reihe 6

	Bauteil	ρ in kg/m³	u in %	F_{max} in kN	F(1,5 mm) in kN		$v(F_{max})$ in mm	k_s in kN/mm	
					Schlupf	o.Schlupf		Schlupf	o.Schlupf
6_1	Strebe	449	10,7	179	89	98	3,38	71	110
	Gurt	517	11,7						
6_2	Strebe	436	10,5	160	108	135	3,75	76	120
	Gurt	524	12,0						
6_3	Strebe	459	10,9	159	110	120	3,96	75	120
	Gurt	518	11,7						
6_4	Strebe	448	10,6	141	113	119	3,57	91	140
	Gurt	395	11,3						
6_5	Strebe	446	10,6	145	109	117	5,71	96	145
	Gurt	457	11,4						
6_6	Strebe	445	10,8	139	99	117	4,10	70	112
	Gurt	432	10,8						
Mittelwert				154	105	118	4,08	80	125
Minimum				139	89	98	3,38	70	110
Maximum				179	113	135	5,71	96	145
Standardabweichung				15,4	9,14	11,9	0,84	10,9	14,7
Variationskoeffizient				10,0	8,74	10,1	20,6	13,7	11,8

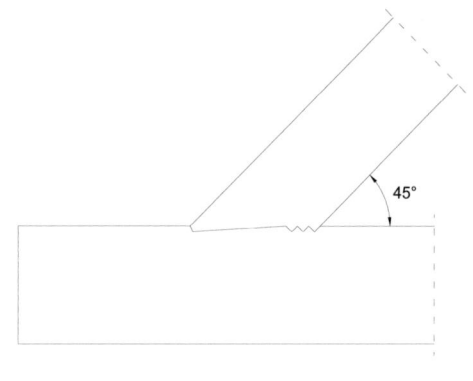

45°

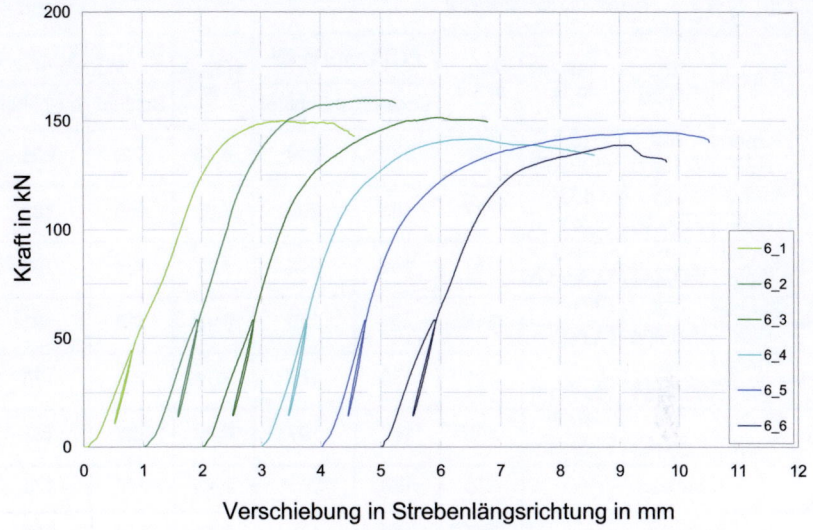

Bild 11-24 Last-Verformungsdiagramm Reihe 6

Tabelle 11-26   Ergebnisse Reihe 7

	Bauteil	ρ^* in kg/m³	u^* in %	F_{max} in kN	F(1,5 mm) in kN		$v(F_{max})$ in mm	k_s in kN/mm	
					Schlupf	o.Schlupf		Schlupf	o.Schlupf
7_1	Strebe	448	10,9	300	176	214	6,14	149	201
	Gurt	747/403	11,8/10,7						
7_2	Strebe	461	10,6	287	185	203	7,69	156	182
	Gurt	712/435	11,3/11,0						
7_3	Strebe	440	10,5	332	184	204	9,17	145	165
	Gurt	733/458	11,3/11,0						
7_4	Strebe	455	11,1	316	162	210	8,45	134	181
	Gurt	705/504	11,0/11,1						
7_5	Strebe	468	11,1	303	138	178	10,86	104	133
	Gurt	685/464	11,5/11,0						
7_6	Strebe	474	10,9	322	167	197	8,26	132	163
	Gurt	727/463	11,3/11,1						
Mittelwert				310	169	201	8,43	137	171
Minimum				287	138	178	6,14	104	133
Maximum				332	185	214	10,9	156	201
Standardabweichung				16,2	17,8	12,6	1,57	18,5	23,1
Variationskoeffizient				5,23	10,6	6,26	18,6	13,6	13,5

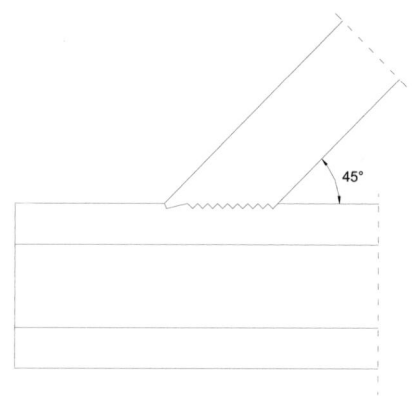

*Buche/Fichte

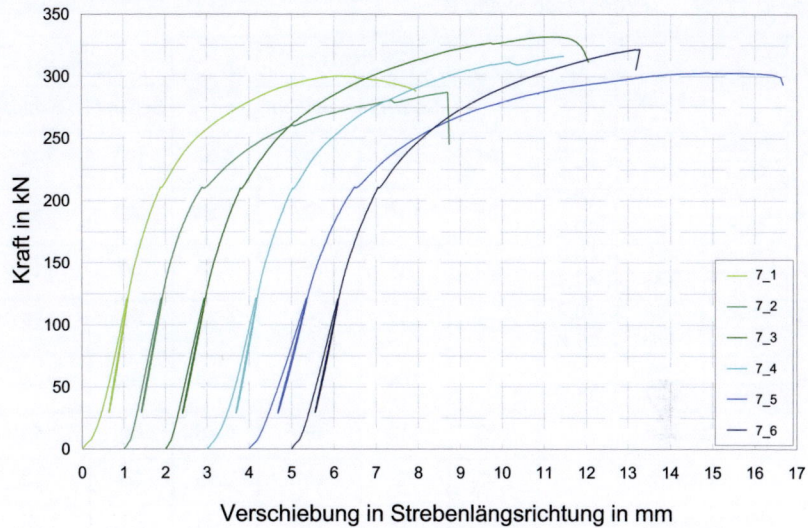

Bild 11-25   Last-Verformungsdiagramm Reihe 7

Tabelle 11-27　　　Ergebnisse Reihe 8

	Bauteil	ρ in kg/m³	u in %	F_{max} in kN	F(1,5 mm) in kN		$v(F_{max})$ in mm	k_s in kN/mm	
					Schlupf	o.Schlupf		Schlupf	o.Schlupf
8_1	Strebe	463	11,0	193	135	162	3,63	100	142
	Gurt	455	11,5						
8_2	Strebe	471	10,9	208	134	167	8,29	102	156
	Gurt	457	10,9						
8_3	Strebe	472	10,6	220	79	157	4,75	55	118
	Gurt	441	11,1						
8_4	Strebe	459	10,9	217	114	178	8,45	73	136
	Gurt	473	11,8						
8_5	Strebe	-	-	221	104	178	8,64	100	175
	Gurt	467	11,3						
Mittelwert				212	113	169	6,75	84	146
Minimum				193	79	157	3,63	55	118
Maximum				221	135	178	8,64	100	175
Standardabweichung				11,8	23,2	9,62	2,37	19,7	21,4
Variationskoeffizient				5,57	20,5	5,71	35,2	23,4	14,7

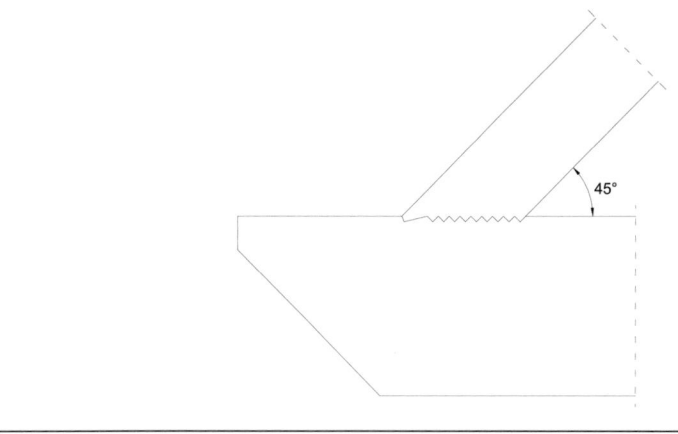

45°

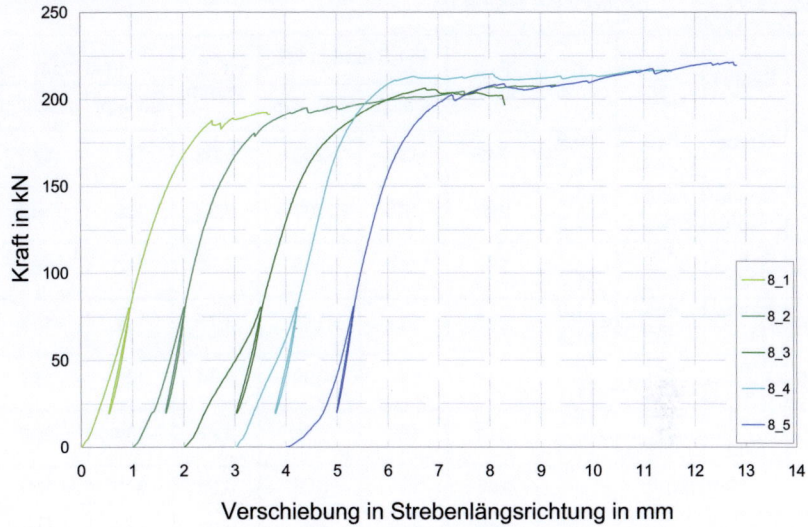

Bild 11-26 Last-Verformungsdiagramm Reihe 8

Tabelle 11-28 Ergebnisse Reihe 9

	Bauteil	ρ in kg/m³	u in %	F_{max} in kN	F(1,5 mm) in kN		$v(F_{max})$ in mm	k_s in kN/mm	
					Schlupf	o.Schlupf		Schlupf	o.Schlupf
9_1	Strebe	419	10,8	245	170	203	5,08	141	170
	Gurt	451	11,2						
9_2	Strebe	420	10,7	298	165	207	3,92	130	162
	Gurt	543	12,0						
9_3	Strebe	434	11,1	297	184	209	3,99	140	163
	Gurt	461	11,4						
9_4	Strebe	454	11,0	247	113	195	3,73	117	152
	Gurt	392	11,2						
9_5	Strebe	451	10,9	238	171	206	3,14	145	181
	Gurt	444	11,1						
9_6	Strebe	416	10,9	272	182	216	2,98	137	166
	Gurt	475	11,4						
Mittelwert				266	164	206	3,81	135	166
Minimum				238	113	195	2,98	117	152
Maximum				298	184	216	5,08	145	181
Standardabweichung				27,1	26,3	6,85	0,75	10,1	9,65
Variationskoeffizient				10,2	16,0	3,32	19,7	7,50	5,82

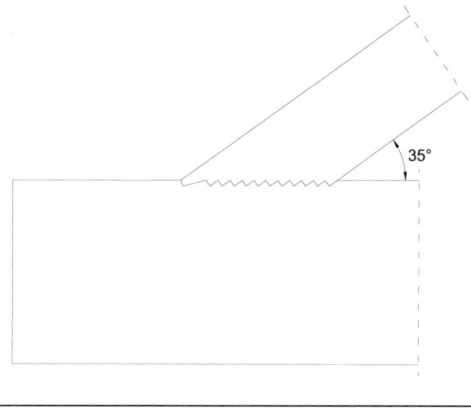

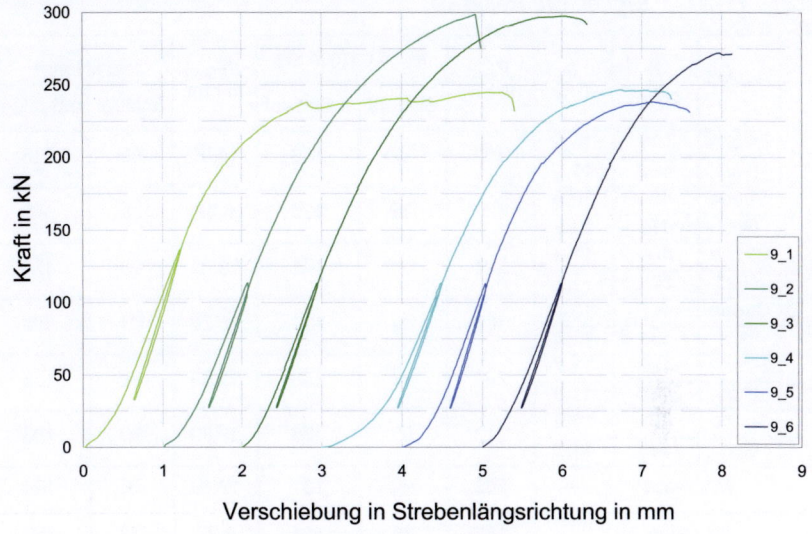

Bild 11-27   Last-Verformungsdiagramm Reihe 9

Tabelle 11-29   Ergebnisse Reihe 10

	Bauteil	ρ in kg/m³	u in %	F_{max} in kN	F(1,5 mm) in kN		$v(F_{max})$ in mm	k_s in kN/mm	
					Schlupf	o.Schlupf		Schlupf	o.Schlupf
10_1	Strebe	411	10,5	196	100	140	14,06	80	113
	Gurt	463	11,5						
10_2	Strebe	484	10,9	186	35	123	6,29	38	91
	Gurt	479	11,2						
10_3	Strebe	464	11,2	224	126	147	13,31	99	125
	Gurt	509	11,7						
10_4	Strebe	447	10,8	188	83	111	13,78	63	86
	Gurt	383	11,2						
10_5	Strebe	439	11,2	203	97	130	13,63	72	105
	Gurt	485	11,3						
10_6	Strebe	451	10,9	219	96	136	13,80	70	103
	Gurt	488	11,8						
Mittelwert				203	90	131	12,48	70	104
Minimum				186	35	111	6,29	38	86
Maximum				224	126	147	14,06	99	125
Standardabweichung				15,9	30,2	12,7	3,04	20,1	14,3
Variationskoeffizient				7,84	33,7	9,69	24,4	28,5	13,8

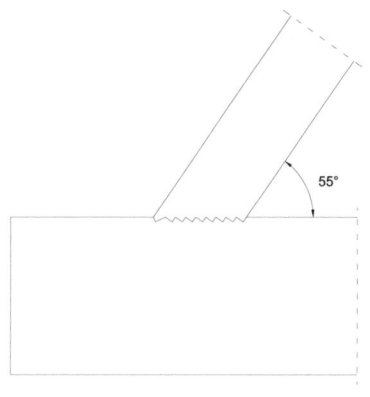

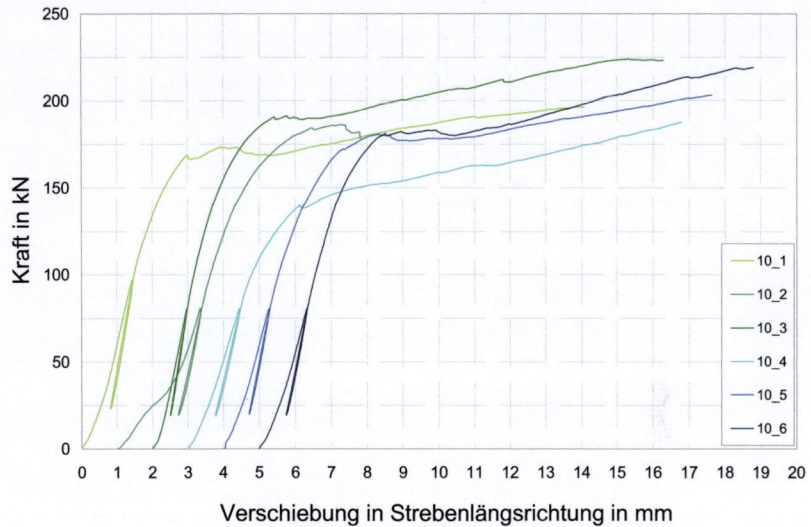

Bild 11-28   Last-Verformungsdiagramm Reihe 10

12 Literatur

Bejtka, I. (2005): *Verstärkung von Bauteilen aus Holz mit Vollgewindeschrauben,* Karlsruher Berichte zum Ingenieurholzbau, *2,* Karlsruhe, Universitätsverlag.

Blaß, H. J.; Bejtka, I. & Uibel, T. (2006): *Tragfähigkeit von Verbindungen mit selbstbohrenden Holzschrauben mit Vollgewinde,* Karlsruher Berichte zum Ingenieurholzbau, *4,* Karlsruhe, Universitätsverlag.

Blaß, H. J.; Ehlbeck, J.; Kreuzinger, H. & Steck, G. (2005): *Erläuterungen zu DIN 1052: 2004-08 Entwurf, Berechnung und Bemessung von Holzbauwerken,* München, Bruderverl.

Blaß, H. J. & Uibel, T. (2007): *Tragfähigkeit von stiftförmigen Verbindungsmitteln in Brettsperrholz,* Karlsruher Berichte zum Ingenieurholzbau, *8,* Karlsruhe, Universitätsverlag.

Culmann, C. (1866): *Die graphische Statik,* Zürich, Meyer & Zeller.

Damkilde, L.; Hoffmeyer, P. & Pedersen, T. N. (1998): Compression Strength Perpendicular to Grain of Structural Timber and Glulam. *Proceedings of the CIB-W-18,* Paper 31-6-4.

Dröge, G. & Stoy, K.-H. (1981): *Grundzüge des neuzeitlichen Holzbaues,* Berlin [u.a.], Ernst.

Frese, M.; Chen, Y. & Blaß, H. J. (2010): Tensile strength of spruce glulam. *European Journal of Wood an Wood Products,* Volume 68, Number 3, Pages 257-265.

Frese, M.; Enders-Comberg, M.; Blaß, H. J. & Glos, P. (2011): Strength of spruce glulam subjected to longitudinal compression. *CIB-W18,* Paper 44-12-2, Alghero, Italy.

Gattnar, A. & Trysna, F. (1961): *Hölzerne Dach- und Hallenbauten,* Berlin, Ernst.

Görlacher, R. (2004): Hintergründe und Anwendung der Querdrucknachweise nach DIN 1052:2004. *Ingenieurholzbau; Karlsruher Tage 2004*, Bruderverlag, Universität Karlsruhe.

Görlacher, R. & Kromer, M. (1991): Tragfähigkeit von Versatzanschlüssen in historischen Holzkonstruktionen. *Bauen mit Holz 3/1991*, Bruderverlag, Karlsruhe.

Heimeshoff, B. & Köhler, N. (1989): Untersuchungen über das Tragverhalten von zimmermannsmäßigen Holzverbindungen. *Forschungsbericht*, IRB Verlag, München.

Neuhaus, H. (2011): *Ingenieurholzbau Grundlagen - Bemessung - Nachweise - Beispiele,* Wiesbaden, Vieweg + Teubner.

Pasternak, H.; Bachmann, V. & Kubieniec, G. (2010): Leichte Fachwerkträger - Fertigungstechnologie und Tragverhalten. *Bauingenieur 10/2010, Band 85.*

Pierce, F. T. (1926): Tension tests for cotton yarn. *Journal of the Textile Institute*, Pages T155-T368.

Spengler, R. (1982): *Festigkeitsverhalten von Brettschichtholz unter zweiachsiger Beanspruchung - Teil 1,* Ermittlung des Festigkeitsverhaltens von Brettelementen aus Fichte durch Versuche, TU München.

Streib, J. (2011): Untersuchung der Tragfähigkeit und Steifigkeit von Versatzanschlüssen in Fachwerkträgern. *Diplomarbeit*, Betreuer: M. Enders-Comberg, KIT - Holzbau und Baukonstruktionen, Karlsruhe.

Troche, A. (1951): *Grundlagen für den Ingenieur-Holzbau Bemessung und Konstruktion,* Darmstadt [u.a.], Schroedel.

Tucker, J. (1927): A study of compressive strength dispersion of material with applications. *Journal of the Franklin Institute*, Volume 204, Pages 751-781.

Weibull, W. (1939): A statistical theory of the strength of materials. *Royal Swedish Institute for Engineering Research, Proceedings*, N. 141, Page 45.

13   Verwendete Normen

DIN 1052, Ausgabe Dezember 2008, Entwurf, Berechnung und Bemessung von Holzbauwerken - Allgemeine Bemessungsregeln und Bemessungsregeln für den Hochbau

DIN 7998, Ausgabe Februar 1975, Gewinde und Schraubenenden für Holzschrauben

DIN EN 408, Ausgabe Dezember 2010, Holzbauwerke – Bauholz für tragende Zwecke und Brettschichtholz – Bestimmung einiger physikalischer und mechanischer Eigenschaften

DIN EN 1382, Ausgabe März 2000, Ausziehtragfähigkeit von Holzverbindungsmitteln

DIN EN 26891, Ausgabe Juli 1991, Holzbauwerke – Verbindungen mit mechanischen Verbindungsmitteln